어느 **엄마**가
수학을 두려워하랴

＊일러두기
( ), [ ] 안의 글은 지은이의 글이나 주이며, 각주는 옮긴이, 감수자의 주입니다.

어느 엄마가 수학을 두려워하랴

롭 이스터웨이 · 마이크 애스큐 지음
여태경 옮김 | 서동엽 감수

오늘날 수학은 전 국민적 관심이 가장 높은 교과목 중 하나입니다. 많은 학생들은 수학을 어려운 과목으로 생각하며, 많은 학부모들은 자녀의 성공을 위해서는 수학을 잘하는 것이 매우 중요하다고 생각하는 경향이 있습니다. 이러한 생각은 틀렸다고 말하기 어렵습니다. 실제로 수학은 가장 추상적인 교과목 중 하나입니다. 그만큼 처음부터 의미 있게 이해하면서 학습하지 않으면, 학생들은 어려운 내용을 만날 때 흥미를 잃기 쉬우며 스스로 어려움을 극복하지 못하여 포기 상태에 이르기도 합니다. 수학 교육과정이나 교과서는 보다 많은 아동들의 이해와 흥미에 도움을 줄 수 있는 방향으로 지속적으로 개선되어 왔습니다. 이러한 노력의 결과로 아직 미약한 수준이기는 하지만 학생들의 수학에 대한 흥미와 자신감이 다소 개선되었다는 연구 결과도 보고되고 있습니다.

이 책은 2010년 영국에서 출판된 Maths for Mums and Dads를 번역한 것입니다. 책의 원제에서 알 수 있듯이 이 책은 학부모들이 가정에서 자녀에게 수학을 지도하는 데 도움이 되고자 하는 의도로 집필되었습니다. 그러나 학부모들뿐만 아니라 초등학교나 중학교 저학년에서 수학을 지도하는 학교 선생님들, 또는 저와 같이 교사 교육에 몸담고 있는 사람들에게도 도움이 될 만한 풍부한 내용을 많이 담고 있습니다. 초등학생들 또는 기초를 더 알고 싶어 하는 중학생들이 자기 주도적으로 읽어 나가면서 수학의 의미를 이해하는 데에도 많은 도움이 되리라고 생각합니다.

이 책에서는 우리나라 수학 교육 과정에서 초등학교 내용을 중심으로 학생들이 겪는 공통적인 오류, 오류를 처치하는 데 도움이 될 수 있는 다양한 지도 방안, 내용과 관련된 흥미로운 문제, 퍼즐, 게임 등이 포함되어 있습니다. 이러한 내용이 작은 주제 하나하나마다 잘 정리되어 있어 학부모는 물론 선생님, 학생들에게 적지 않은 도움이 될 것으로 기대됩니다.

영국과 우리나라 교육 과정의 차이로 인하여 번역이 모호한 용어가 있는 경우에는 각주를 달아서 원어를 밝히고자 하였으며, 영국적인 문제 상황은 필요한 경우에는 우리나라의 문제 상황으로 바꾸었고, 그대로 두는 것이 의미가 있는 경우에는 바꾸지 않았습니다. 이 한 권의 서적이 자녀의 수학 공부로 고민하는 학부모, 제자의 수학 학습 부진으로 고민하는 선생님, 또는 수학에서 의미를 찾기 어려워하거나 원리를 이해하는 데 어려움이 있는 학생들에게 작으나마 도움이 되기를 기대합니다.

서동엽

(춘천교육대학교 수학교육과 교수, 초등 수학 교과서 집필위원)

준비

문제 x를 찾아라

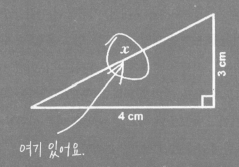

수학 질문에 위와 같은 '창의적인' 답을 본 적이 있나요?
위 예는 재미있는 수학 답안으로 널리 알려져 있습니다.
위 예가 사실인지 확인해 볼 수는 없지만, 이제 여러분은 이 책을 읽으면서
실제 교육 현장에서 발견된 기발한 답안지들을 보게 될 것입니다.

들어가는 말

　많은 부모들은 아이들에게서 "수학 숙제 좀 도와주세요!"라는 말을 듣는 순간, 두려움을 느낍니다. 오래전, 여러분이 어린이였을 때도 비슷한 경험과 두려움을 느꼈을 것입니다. 하지만 도움을 주어야 하는 입장이 되어서 느끼는 두려움은 종류가 아주 다릅니다. 어쨌거나 모든 것은 변합니다. 수학도 변하고, 방법도 변하고, 부모를 대하는 아이들의 태도도 변합니다. 아마도 부모들이 하고 싶은 말은 바로 이것일 겁니다. 비록 이전에도 계속 반복되어 왔던 것이긴 하지만.

　아이들이 학교에서 배우는 여러 과목들 중에서 수학만큼 부모들을 고민스럽게 하는 것도 없습니다. 우리가 만난 많은 부모들은 해결해 줄 수 없는 숙제를 가져오기 시작하는 아이들 때문에 고민하고 있었습니다. 물론 수학 숙제를 능숙하게 잘 도와주는 부모도 많았습니다. 하지만 그들에게는 다른 고민이 있었어요. 그건 바로 요즘 학교에서는 그것을 다른 방법으로 푼다는 것입니다. 아빠는 윗자리에서 숫자를 빌어와서 아랫자리에 10을 놓고 열심히 뺄셈을 해 보이지만, 어리둥절해하며 멍한 표정을 짓고 있는 아이의 눈과 마주치게 됩니다. 결국 아이는 엄마에게 "아빠가 도대체 무슨 말을 하는지 모르겠어요!"라고 소리를 칩니다.

이 책은 당신이 부모로서 수학에 다시 도전하고 새로운 관점으로 주제를 생각하도록 하며, 왜 요즘에는 다른 방법으로 푸는지 이해하도록 하고(어떤 것들은 정말 합리적입니다.), 아이들이 "답이 나오지 않아."라고 주장할 때 아이들의 머릿속에서 어떤 일이 벌어지는지를 더 잘 이해하도록 도와줄 것입니다. 하지만 가장 중요한 우리의 바람은 집에서 수학을 하면서 아주 조금이라도 즐거움을 가졌으면 하는 것입니다. 아주 짧은 순간이지만 바로 그때 얻을 수 있는 뭔가가 있거든요.

학교에서 배우는 수학은 아주 방대합니다. 이 책 한 권으로 모든 것을 다룰 수는 없습니다. 그래서 우리는 아이들이 초등학교에서 배우는(또는 배워야 하는) 기초적인 것들에 집중하려고 합니다. 이들 중 어떤 것들은 전혀 기초가 아닌 것처럼 보일 수도 있습니다. 실제로 10살 아이들이 치르는 문제를 보면, 어른들도 풀기 어려운 것이 있습니다. 하지만 이 책에는 사인도 없고, 코사인도 없습니다. 미적분도 없고, 이차방정식도 없습니다. 이런 것들은 후일을 기약하려고 합니다.

생각해 볼 문제들

부모들과 이야기를 하다 보면 자주 등장하는 의문점이 있습니다. 우리는 이것을 네 가지로 정리하였습니다. 이 의문점들은 아주 중요한 의미를 갖기 때문에 책의 서두에 놓고 살펴보려고 합니다.

1. 왜 최근에는 다른 방법으로 푸는가?

아이들이 여덟 살이 되어 학교에 들어가면 많은 부모들은 충격에 빠지게 됩니다. 아이들은 '산수'를 '수학'이라고 부르며, 부모가 도무지 이해할 수 없는 용어와 방법 들을 집으로 가져오기 시작합니다. 그리고 그때부터 문제가 생겨나기 시작합니다. 부모들은 (a) 아이들이 무엇을 하고 있는지 이해하지도 못하고, 그것이 맞는지 틀리는지조차도 알지 못합니다. 또한 (b) 직접 문제 푸는 방법을 보여 주려고 하지만 아이들은 혼란스러워합니다. 결국 많은 부모들은 좌절감을 느끼며 자녀를 도와주려는 생각을 접고 맙니다.

도대체 무슨 일이 일어난 것일까요? 부모로서 당신은 무엇을 할 수 있을까요?

수백 년 전부터 사용하던, 침묵 속에 덧셈, 곱셈 기술을 이용하여 끝없이 문제를 푸는 시대는 지나갔습니다. 요즘에는 공동 작업과 조사 등을 이용하여 수업을 하며, 심지어는 수학 시간에도 긴 시간 침묵 속에서 수업을 진행하는 경우는 거의 없습니다.

문제를 푸는 방법도 변했습니다. 예를 하나 들어 볼까요. 79×43을 계산한다고 생각해 보세요. 대부분의 부모들은 '세로 곱셈'을 이용합니다. 그래서 봉투 뒷면과 같이 작은 종잇조각에 계산을 합니다. 하지만 왜 그렇게 하는지 설명할 수 있는 부모들은 많지 않습니다. 그건 단지 손잡이를 돌리기만 하면 (여러분이 원하는) 정답이 튀어나오는 전자동 프로그램일 뿐입니다. 오늘날 학교에서 강조하는 것은 아이들이 기본적인 수학을 이해할 수 있는 방법을 가르치는 것입니다. 그래서 (이론적으로는) 아이들이 실수를 덜 하고, 나중에 배우게 될 복잡한 수학을 이해할 수 있는 기초를 만드는 것입니다.

이제 학교에서의 학습은 기능(어떻게)을 배우는 것에서 그것이 생겨나는 수학적인 이유(왜)를 이해하는 쪽으로 옮겨 가고 있습니다. 왜 그럴까요? 첫째, 초등학교를 졸업한 모든 사람들이 세로 곱셈, 세로 나눗셈 등등의 계산을 완벽히 수행할 수 있는 능력을 갖추지는 않았다는 사실이 밝혀졌기 때문입니다. 성인들의 이해 수준에 대한 여러 조사 결과는 우리에게 큰 충격을 줍니다.

둘째, 기술은 우리가 살고 있는 세상을 놀라운 속도로 빠르게 변화시키기 때문입니다. 일상을 살아가면서 세로 곱셈이나 세로 나눗셈을 필요로 하는 순간은 빠르게 감소하고 있습니다. 하지만 언제 곱하고 나누어야 하는지를 판단해야 하는 순간은 점차 증가하고 있으며(어느 슈퍼의 가격이 더 싼지? 어떤 차가 더 나은지?), 스프레드시트나 계산기로 얻은 답이 합리적이라고 여깁니다. 오늘날 아이들도 종이와 연필로 하는 계산을 배웁니다. 아이들의 계산 방법이 독특하다고 생각되긴 하지만 이는 수학자들이 사용한 봉투 뒷면에 하는 간단한 계산과 비슷합니다.

이러한 기능들은 단지 정답을 얻기 위해서가 아니라, 아이들이 수학에 대한 통찰력을 개발하고 숫자에 대한 감각을 익히는 데 도움이 됩니다(계산기는 좀 거리가 있습니다.). 리차드 스켐프는 A에서 B를 찾아가는 상황에서 설명서를 제공하는 것과 지도를 제공하는 것의 차이라고 구별하였습니다. 설명서만으로는 한 번의 실수로 잘못된 길로 들어서면 원래의 길로 다시 돌아오기 힘들지만, 지도를 가지고 있다면 자신에게 가장 적합한 경로를 계획할 수 있습니다. 오늘날 수학을 가르치는 것은 아이들이 방향이 적힌 목록을 기억하는 것이 아니라 수학 지도를 개발할 수 있도록 도움을 주려는 노력의 일환입니다.

여러분이 이 책에서 접할, 그리고 최근 학교에서 사용하는 용어들이 생전 처음 들어 보는 새로운 이름을 갖고 있고 계산 방법 또한 새로워 보이지만, 실제로는 옛날부터 있었던 방법이라는 사실에 조금은 안도감을 느낄 수 있을 것입니다. 실제로 어떤 것들은 여러분이 학교에서 배웠던 것들입니다. 로마와 이집트에서는 수를 빨리 더하기 위하여 자릿수를 분할하는 방법을 사용하였는데, 지금 여러분의 아이들도 이러한 작업을 합니다. 이 새로운 방법에 붙여진 뜻 모를 용어들 때문에 당황하지 마세요. 원리는 매우 간단하고 아주 오래된 것이며, 아주 합리적입니다.

반가운 사실은 아이들이 수학의 계단을 하나하나 오르다 보면, 결국에는 모든 기술이 여러분이 과거 학교에서 했던 방법과 연결된다는 것입니다. 예를 들면 아이들이 자신 있게 하는 곱셈 계산의 원리는 여러분이 익숙하게 사용해 온 세로 계산법과 같습니다.

2. 어떻게 수학에 대한 공포를 극복할 수 있을까?

만일 여러분이 '수학쯤은 아무것도 아니야.'라고 생각하는 운 좋은 학부모 중 하나라면 두 번째 의문점은 건너뛰어도 좋습니다. 그러나 다른 부모들이 수학에 대하여 어떻게 느끼는지 알고 싶다면 살펴보는 것도 좋을 것 같군요.

어떤 부모들에게 수학은 살아 있는 지옥입니다. 그들에게 초등학교 3학년의 수학 시험지를 보여주세요. 그러면 그들은 시름시름 앓을 것입니다. 어른들 중 몇 퍼센트가 수학 문제로 인하여 공포와 거북함을 느끼는지 정확히 알아내기는 어렵습니다. 그러나 비공식적인 조사에 따르면 30% 정도라고 합니다.

수학에 대한 공포를 갖고 있는 부모들은 자녀들로 인하여 자신의 실체를 알게 되고는 놀랍니다. 우리가 만난 어떤 엄마는 "우리 아이가 학교에 다닐 때, 나는 수학 숙제의 공포 속에서 살았어요. 아이들이 내 도움을 원할 때마다 나는 그것을 피할 수만 있다면 무엇이든지 하려고 했어요. 다행스럽게도 애들 아빠는 수학을 잘했어요. 그래서 나는 바쁘다고 말하며 속일 수 있었어요. 그러면 애들은 아빠에게 묻곤 했지요. 하지만 정말 미안했어요. 내가 아이들을 내팽개쳤다는 생각 때문에요. 얼마가 지난 후에 아이들은 내게 더 이상 도움을 청하지 않았어요. 애들은 이미 승패를 알고 있었던 것이죠."라고 말했습니다.

이러한 공포는 어디서 올까요?

여러분은 종종 '수학 유전자'를 갖고 있지 않다는 사람의 말을 들었을 것입니다(이들은 자신의 자녀들도 마찬가지라고 주장합니다.). 이것은 수학 공포증을 말하는 것일까요?

대답은 '아니다.'입니다. '수학 유전자'와 같은 것은 없습니다. 어떻게 있을 수 있겠어요? 인류는 겨우 수백 년 동안 대수, 확률, 미적분을 연구해 왔을 뿐입니다. 오늘날 대부분의 어른들은, 심지어 수학을 가장 못한다고 스스로를 평가하는 사람조차도, 중세에 살았던 대부분의 사람들보다도 훨씬 더 수학적으로 교양을 갖추고 있습니다. 유전자를 발달시키기 위해서는 수천 년, 심지어 수백만 년이 걸립니다. 다른 사람들은 끙끙거리며 고생하는데 수학을 능숙하게 잘하는 사람들이 있기는 합니다. 그러나 그런 능력을 주는 것이 무엇이든지 간에, 수학에 필요한 것은 유전자가 될 수 없습니다(과학자들은 수학적 능력이란 추상적 사고와 같이 수준 높은 언어로 의사소통하는 사람들이 만들어 낸 산물이라고 생각합니다.).

사람들에게 본인이 느끼고 있는 수학 공포증에 대하여 말을 걸어 보면, 종종 자신들을 한 수 아래로 여기고 있는 교사(또는 부모)에 대한 이야기로 끝을 맺곤 합니다. 부끄럽다는 우려를 벗어나 공포를 느낀다면 그것은 수학이 아닙니다.

또한 많은 부모와 할머니, 할아버지가 과거의 수학 수업에 대하여 매우 나쁜 기억을 가지고 있다는 사실은 충격적입니다(여기서 과거라고 하는 것은 2차 세계 대전 때가 아니라 바로 1980년대를 말합니다.). 교실 앞에서 창피를 당한 사연들은 누구에게나 있습니다. 어떤 사람은 체벌의 아픔을 기억해 냅니다. "이상욱! 7×8은 뭐지?", "에, 그러니까, 54?"(그 순간 칠판지우개는 그의 오른쪽 귀 위로 날아갔고, 상욱이는 재빨리 고개를 숙였습니다.)

어떤 사람에게는 정신적인 고통도 따랐습니다. 어떤 엄마는 "수학 선생님이 교실 앞에 서서 '수학은 재미있다. 수학은 재미있다.'라고 우리에

게 구호를 외치도록 했던 모습은 정말 악몽이었어요."라는 말을 하기도 했습니다. 이 엄마가 지적했던 것처럼, 무언가가 재미있다고 사람들에게 말하는 것은 의도된 바와 완전히 반대되는 효과를 가져옵니다. 자, 현실을 직시해 봅시다. 가치 있는 일을 배우려면 노력이 필요합니다. 수학도 마찬가지입니다. 우리가 당면하고 있는 큰 문제점 중 하나는 학습은 노력 없이 재미있어야 한다는 믿음입니다. 결국 아이들은 수학을 배우는 데 그렇게까지 노력을 기울여야 한다면 자신들은 수학을 잘할 수 없을 것이라는 생각을 갖게 됩니다.

물론 이런 악몽과도 같은 사건이 얼마나 흔하게 일어났는지 알 수는 없습니다. 그러나 수학이라는 거대한 구조물이 바닥에 나뒹굴게 되는 것은 순간입니다. 많은 부모들은 어느 날 갑자기 수학이 거대한 장벽으로 다가오더니 결국에는 아무 소용없는 존재가 되어 버렸던 순간을 기억해 냅니다. 이런 일은 수학을 잘하는 사람에게도 일어날 수 있습니다. 그들은 대학이나 대학원에서 이 장벽을 만나고, 깨뜨려 버리곤 합니다. 대다수의 수학자들은 장벽 깨뜨리기를 즐깁니다. 그들은 이 장벽을 극복해야 할 도전이라고 생각합니다.

그렇다면 여러분이 갖고 있는 수학의 공포를 극복하기 위해서 무엇을 할 수 있을까요?

● 여러분은 여러분이 생각하는 것보다 좀 더 수학을 잘할 수 있다는 것을 인정하세요. 어른들은 규칙성 발견하기, 슈퍼마켓에서 가격 비교하기, 정부가 발표하는 통계에 이의 제기하기 등과 같이 '상식'적인 것들은 할 수 있다고 생각하지만 '수학'적인 것들은 아무것도

할 수 없다고 규정하려는 경향이 있습니다. 그래서 수학을 못하는 사람들은 자기만족에 빠진 예언가가 되어 버립니다.

- 대부분의 어른들은 수학은 항상 해결할 수 있고, 정답이 얻어지는 학문이라고 생각합니다. 우리는 이 생각에 과감히 도전장을 던집니다. 수학의 중요한 특징 중 하나는 이러지도 저러지도 못하는 답답한 상황과 잘못된 결과가 얻어지기도 한다는 것입니다. 수학 문제는 아무 의미 없이 '문제'라고 불리지 않습니다. 해결하는 데 어려움이 존재하는 것들을 문제라고 부릅니다. 답답한 상황은 바람직한 것입니다. 그리고 그것을 다루는 최고의 방법은 잠시 문제에서 떠나 있는 것입니다. 하룻밤 자고 나서 해결 방법을 생각해 보는 것은 어떨까요?

- 아이들이 잠자리에 들 때 잠시 시간을 내어 보십시오. 편안한 음악을 들으며, 이 책에 있는 수학 문제를 풀어 보세요. 이런 문제들을 '해결 불가능'이라고 생각하는 아이들도 있다는 것을 염두에 두시고요. 아마 여러분은 어떤 문제들은 너무 어렵다고 생각할 것입니다. 하지만 어떤 것은 아주 빨리 풀릴 것입니다. 그리고 문제가 무엇이었는지 의아해할 것입니다. 우리가 다른 부모들로부터 얻은 사례와 여러분의 반응을 비교해 보십시오. 여러분은 자신이 생각한 방법과 다른 사람들의 생각에 공통점이 많다는 것을 발견할 것입니다. 다른 많은 사람들도 나와 같은 배를 타고 있다는 사실을 알게 되면 공포는 줄어듭니다.

3. 어떻게 내 아이에게 수학을 즐기도록 하고, 나보다 수학을 더 잘하도록 할 수 있을까?

우리는 수학에 대한 즐거움과 능력, 이 두 가지 질문을 함께 생각하려고 합니다. 왜냐하면 이 둘은 아주 밀접하게 관련되어 있기 때문입니다. 수학과 많은 시간을 보낸다면 수학을 잘할 것입니다. 만일 즐기기까지 한다면 더욱 잘하겠지요. 아이들이 수학을 하면서 즐거워하고 조금씩 발전하려면 집에서의 경험이 중요합니다.

가장 중요하게 영향을 끼치는 것은 긍정적인 피드백입니다. 여러분은 자녀들이 수학을 '영리'하고 '재빠르게' 푸는 것보다 노력을 기울이는 모습을 칭찬해야만 합니다. 중요한 것은 아이들이 수학 학습에 있어서 '성장'해 나가도록 도와주는 것입니다. 아이들은 무언가를 할 때, 보는 즉시 능숙하게 하지 못할 수도 있습니다. 이 말은 절대로 못할 것이라는 의미는 아닙니다. 만일 아이들이 영리함과 재빠름 때문에 칭찬을 받는다면, 아주 작은 난관에서 멈칫거릴 것입니다. 그리고 한계에 부딪혔다고 느끼며 포기할 것입니다.

피드백을 주는 가장 좋은 시간은 아이들과 숙제를 할 때입니다. 일반적으로 부모들은 아이가 수학 문제에 틀린 답을 구하면 즉시 잘못 풀었다고 지적하고 정답을 설명하려고 합니다. 그런 유혹을 참아내십시오. 대신에 어떻게 그것을 풀었는지 물어보세요. 그리고 자신의 실수를 잡아낼 수 있도록 잘 이끄십시오(운이 좋다면 가능합니다.).

아이들에게 여러분의 입장을 설명해도 좋습니다. 그리고 필요하다면 여러분이 문제를 풀면서 자녀들이 한 실수를 그대로 해 보세요. "그러면, 3 더하기 3은 7이야. 앗, 잠깐, 틀렸네. 멍청한 엄마(아빠) 같으니……."라고 웃으면서 수정하세요. 아이가 설명을 할 때, 끝까지 설명할 수 있도록 충분한 시간을 주세요. 처음 발견된 실수는 기본적인 것들을 잘못 이해한 결과일 때가 많습니다. 충분히 설명하도록 하면 아이들은 자기가 잘못된 곳을 헤매고 있음을 알아차립니다. 이런 이유로, 아이들은 문제를 틀리더라도 벌을 받는 것은 아니며, 심지어는 부모들도 가끔은 틀린다는 사실을 알게 됩니다.

그리고 아이들이 수학 문제를 맞게 풀었을 때도, 어떻게 풀었는가를 설명하게 하십시오! 이런 과정을 통해 아이들이 합리적으로 올바르게 생각했는지를 알아낼 수 있습니다(가끔 이유는 틀렸지만 맞는 답을 내는 경우도 있거든요.). 그러나 더 중요한 것이 있습니다. 만약 아이들이 틀린 답을 낼 때만 설명을 요구한다면, 아이들은 틀릴 때만 설명을 해야 한다고 연결 지으며 자신들의 실수를 드러내기보다는 감추려고 할 것입니다. 아이들이 자신의 사고 과정을 드러내려 하지 않는다면, 합리적으로 생각하도록 도움을 줄 수 없습니다.

아이들이 문제를 풀다 막히면 기다려 주세요. '문제를 관통하는 의미를 알아내야지.' 또는 '아이들은 왜 생각해 내지 못할까?'라고 생각하면서 하나씩 하나씩 진행하면 아주 쉽습니다. 학습은 즉각적으로 일어나지 않습니다. 잠시 쉬기, 다음 날 다시 생각하기, 일주일 정도 떠나 있기 등등은 이해를 돕거나 성질을 다독이는 효과적인 방법이 될 수 있습니다.

여러분은 수학을 따분한 것이 아니라 흥미진진한 것으로 만들어야 합니다. 그리고 무엇보다도 여러분 자신을 수학에 '가망이 없는' 사람으로 절대로 묘사해서는 안 됩니다. 이것이 우리가 '금지하는' 가장 큰 일입니다. 여기에 대해서는 이 책의 끝 부분에 있는 '권장하는 일과 금지하는 일'이라는 단원에서 다시 다룰 것입니다. 만일 여러분이 수학에 관심을 보인다면 여러분의 자녀 또한 호기심을 가질 것입니다. 또한 숙제하는 탁자에 앉아 협박 속에 뭔가를 하는 것보다 매일매일의 삶 속에서 자연스럽게 수학에 대하여 이야기하고 수학으로 놀이를 한다면, 여러분의 자녀는 반드시 수학을 즐기게 될 것입니다. 하지만 어떻게 이 모든 것을 할 수 있을까요? 이 책의 나머지 부분에서 그것을 다루고 있습니다.

4. 왜 아이들은(또는 나는) 수학을 알아야만 하는가?

앞에서 살펴본 세 가지 의문점 뒤에 커다랗게 다가오는 또 다른 의문점이 있습니다. 아이들이 색이 칠해진 도형을 보며 분수로 어떻게 나타내야 할지 이해하지 못하여 숙제를 하면서 눈물을 쏟을 때, 또는 최소공배수를 구하라는 시험 문제지를 보고 '내가 학교를 떠나면 절대로 이런 것들은 필요 없을 거야.'라고 생각할 때, 여러분과 아이들은 자연스럽게 왜 이런 일을 해야 하는가라는 의문을 갖게 됩니다.

오랜 시간 동안 교육 체계에 논쟁을 불러일으킨 것이 있습니다. 의무교육에서 해야 할 것과 하지 말아야 할 것에 대한 끝없는 토론이 바로 그것입니다. 좋든 싫든 간에 여러분의 자녀는 이런 것들을 해야 하고 많은 부모들을 힘들게 합니다.

수학의 어떤 것은 생활 속에서 확실히 사용되기 때문에 쉽게 정당화됩니다. 레시피의 성분 계산하기, 잔돈 계산하기, 키 측정하기, 새로운 게임을 사기 위하여 얼마나 저축을 해야 하는지 결정하기 등을 제대로 하려면 기초 계산이 매우 유용하다는 생각을 모든 아이들은 갖고 있습니다. 또, 아이들보다 부모들에게 도움이 되는 수학이 있습니다. 퍼센트, 통계적 추정과 해석은 아이들이 성장해서 자립할 때 필요한 기본적인 삶의 기술입니다.

문제는 좀 더 추상적인 수학에서 시작됩니다. 언제 소수에 대하여 알아야 할까요? 정오각형의 내각의 크기를 아는 것은 현실적으로 무슨 의미가 있을까요?

'이것이 무슨 의미가 있는가?'라는 질문에 답을 하려는 것은 아주 힘든 일입니다. 여러분은 현재나 미래의 삶에 유용하게 사용되지 않는 것이 있다면, 즉각적으로 이것이 왜 필요한지 질문을 하게 됩니다. 브라질에서 보크사이트가 생산된다는 것, 마그네슘이 탈 때 밝은 백색의 빛을 낸다는 것이 무슨 의미가 있을까요? 그러나 만약 여러분이 지식과 배움은 유용한 것이고 단지 알기 위해서 아는 것은 의미가 있는 것이라고 생각한다면, 보크사이트를 알아야 하는 것처럼 수학도 당연히 알아야 할 지식의 기본에 속합니다. 많은 부모들이 이런 생각을 가져야 합니다.

여러분의 자녀가 수학을 좋아하든 싫어하든, 소질이 있든 없든 수학을 열심히 해야 하는 가장 중요한 이유는 수학적인 능력이 전문직을 갖기 위한 보증 수표이기 때문입니다. 여러분이 수학은 정말 쓸모없다고 여길지라도, 중요한 것은 사회는 그것이 필요하다고 여긴다는 사실입니다. 지금까지 그렇게 해 왔고 변할 기미는 보이지 않습니다. 따라서 여러분의 자녀가 간호사, 정비공, 변호사, 컴퓨터 게임 디자이너가 되기 위하여 최소한으로 선택해야 할 것이 있다면 그건 바로 수학적인 능력입니다. 이는 그다지 맘에 들지 않는 주장이지만, 무시할 수 없는 현실입니다.

어떤 사람들은 "수학은 여러분에게 생각하는 법을 가르쳐 줘요. 문제를 창의적으로 풀게 해 주죠."라고 말하며 수학을 정당화하기도 합니다. 물론 맞는 말입니다. 그러나 칠판에 적힌 문제를 당장 풀어야 하는 대다수의 아이들에게는 너무 추상적인 말입니다. 플레이스테이션이라고 같은 일을 못하나요? 물론 모든 컴퓨터 게임이 학생들을 가르치지는 않기 때문에, 플레이스테이션의 예가 매우 적절하다고 볼 수는 없습니다. 훌륭한 수학 교육은 여러분이 어디에서나 적용할 수 있는 사고 기술을 가르쳐 줍니다. 특히, 견고하고 철저한 추론 기술을 발달시키거나 규칙성을 찾을 수 있고 믿을 만한 예측을 할 수 있는 기술을 갖게 해 줍니다. 이런 기술들은 우주의 모양을 이해하는 것과 같은 커다란 아이디어로 발전되기도 하고, 30년 동안 연금을 받으려면 어떤 종류에 가입해야 하는가와 같은 생활 지식에 적용되기도 합니다.

'무슨 의미가 있는가?'라는 질문에 대한 가장 좋은 대답은 '왜 의미가 있어야만 하는가?'라는 질문입니다. 스도쿠는 어떤 의미가 있나요? 수백만의 사람들이 스도쿠를 하며 즐기지만 이유는 없습니다. 시를 읽는 것에 '의미'가 있나요? 수학의 '의미'는 아이들에게 어른이 되었을 때 사용할 수 있는 실제적인 기술을 가르쳐 주는 것이지만, 그 자체를 즐길 수만 있다면 의미나 연관성은 문제가 되지 않습니다. 그리고 즐거움이라는 것은 잠시 동안의 웃음을 의미해서는 안 됩니다. 축구, 등산 등 여러 가지 즐거운 취미 생활은 많은 불편, 좌절감, 심지어는 고통을 특징으로 합니다. 이런 어려움을 이겨 내는 경험이야말로 정말로 값진 것입니다.

그리고 수학의 목적을 묻는 사람들의 밑바탕에는 즐거움이란 요소가 있습니다. 대부분의 사람들은 수학적인 능력을 선천적으로 갖고 있지 않으며 즐기지도 않습니다. 따라서 수학이 제공되는 방법이 중요합니다.

만약 여러분이 아이였을 때 다른 사람들이 이미 발견해 놓은 문제 해결 기술을 지루하고 반복적으로 연습했던 기억이 있다면, 그 과목에 대하여 좋은 느낌을 갖고 있을 수 없습니다.

놀이는 수학의 모든 단계에서 아주 중요합니다. 따라서 이 책 전체에서는 게임을 아주 특색 있게 다루고 있습니다. 그리고 호기심 또한 중요합니다. 따라서 우리는 여러분의 자녀가 아주 흥미로워할 문제도 제시할 예정입니다. 우리는 모든 사람들이 역사나 지리에 관심을 갖고 있지는 않듯이, 모든 사람들이 수학에 대한 흥미를 갖는 것을 원하지는 않습니다. 하지만 아이들에게 흥미롭고 재미있는 과목으로 수학을 제시한다면, 수학에 대한 아이들의 관심은 놀랍게 증가할 것입니다.

가정에서 준비할 수 있는 수학 도구들

엄마와 아빠가 자녀들과 '수학에 대하여 대화할 수 있는' 곳은 가정일 것입니다. 집 안에 있는 일상적인 도구들을 사용한다면 자연스러운 대화에서 수학이 묻어나도록 할 수 있습니다.

부엌에 있는 벽시계(부엌이 아니라도 식사를 하는 곳이면 괜찮습니다.)
아날로그시계와 디지털시계 모두 가지고 있으면 금상첨화입니다. 두 시계를 서로 비교하고, 그 둘 사이의 관계를 파악하는 일을 습관처럼 할 수 있습니다.

벽걸이 달력
달력을 이용하여 날짜 세기를 할 수 있습니다. 또한 달력에 숨어 있는 다양한 규칙을 찾을 수 있습니다. 세로로 된 열 중 어느 하나(일반적으로 오른쪽에 주로 나타납니다.)에는 곱셈구구 7단이 등장합니다. 대각선에 있는 수를 살펴보거나, 네 개의 수를 정사각형 모양으로 묶으면 또 다른 규칙을 발견할 수 있습니다.

주사위와 돌림판을 사용하는 보드 게임

주사위와 돌림판은 수 세기뿐만 아니라 확률에서 가능성이라는 개념을 이해하는 데 도움을 줍니다.

카드 한 벌

그리고 소매를 걸어 붙일 만한 게임(원카드나 블랙잭). 카드 게임은 분류와 가능성에 대하여 배울 수 있는 좋은 도구입니다.

눈금이 있는 컵

아이들은 학교에서 눈금 있는 컵(계량컵)으로 여러 실험을 합니다. 따라서 집에도 있다면 아이들이 훨씬 편리할 것입니다. 빈 샴푸 통이나 물병도 버리지 말고 모아 두세요. 이를 이용하면 자기 자신만의 측정 용기를 만들 수 있습니다.

마른 콩, 머리핀, 알사탕

이것을 한 움큼 쥐어서 그 양을 둘, 셋 등등으로 나누면 얼마나 남는지 알아보는 데 아주 편리합니다.

줄자와 자

가구, 새로 장만한 커튼, 조립식 소품 등의 길이를 잴 때 아이와 함께 해 보세요. 여러분이 0이 적힌 줄자의 끝을 잡고 있으면 아이들이 다른 한쪽 끝의 눈금을 읽으면 됩니다.

판 초콜릿(예를 들면, 네 줄로 8개의 덩어리가 붙어 있는 모양)

비상용으로 냉장고 안에 보관되어 있던 판 초콜릿을 사용하여 분수를 설명할 수 있습니다. 초콜릿은 아주 훌륭한 동기 요인이며, 보상용으로도 좋습니다.

그 밖에 준비하면 유용한 몇 가지

숫자와 기호 모양의 냉장고용 자석

방정식과 같은 수학 문제를 집에서 즉흥적으로 만들 수 있는 방법이 있습니다. 우리가 알고 있는 어떤 아빠는 아이들이 잠든 후에, 냉장고 문에 '7×9=?'와 같은 식을 만들어 붙여 놓습니다. 그리고 다음 날 아침 식사를 위해 내려오는 아이들이 그 식을 풀 수 있도록 합니다. 아빠는 아이들의 얼굴에 번질 미소를 생각하며 행복해합니다.

오래된 부엌용 양팔저울

음식 재료의 양은 저울로 측정할 수 있습니다. 이 방법은 촉감으로 숫자를 더하는 대단한 방법이며 이를 통해 방정식의 개념까지도 알 수 있습니다. 저울이 평형을 이룰 때, 저울의 한 쪽에 놓인 물건과 다른 쪽에 놓인 물건의 무게가 같다는 것은 방정식의 정의입니다.

다트

다트를 이용하면 덧셈과 뺄셈뿐만 아니라 2배하기와 3배하기에도 익숙해집니다. 여러분은 게임이 끝날 때, 새로운 방법으로 점수를 계산하자는 제의를 받을 수도 있습니다. 다음과 같이 말입니다. "어떻게 두 개 남은 다트로 47점을 얻을 수 있을까?", "마지막 판 점수는 두 배로 계산하는 게 어때?"

독특한 주사위를 이용하는 게임

주사위가 반드시 정육면체일 필요는 없습니다. 정사면체, 정육면체, 정팔면체, 십면체, 정십이면체, 정이십면체 등 다양한 주사위를 찾아보세요.

수 도미노

이 게임을 즐기는 사람은 별로 없지만, 수학 수업에서 사용하면 편리합니다. 도미노에는 0부터 6까지의 수를 결합하는 모든 방법이 제시되어 있습니다. 또 도미노 넘어뜨리기 게임을 할 수도 있습니다.

온도계

온도계는 실내와 실외의 온도를 측정할 수 있기 때문에 부엌에 비치해 두면 아주 편리한 기구입니다. 특히 겨울에는 숫자가 음수로 내려가기 때문에 이를 본 아이들은 영하에 대한 개념에 익숙해질 수 있습니다. 이와 함께 0보다 작은 수와 음의 부호에 대하여 이해하게 됩니다.

수 연산
– 어떻게 변화되었나

수와 자릿값

—

문제 8의 절반은 얼마인가?

답 3

왜냐하면 3을 두 개 붙이면 8이 되기 때문이다.

아 이들은 숫자들의 이름과 수 세기를 배우면서 수학과 처음 만납니다. 그러다가 학교에 입학할 때쯤이면 이러한 일들을 능숙하게 해냅니다. 만약 여러분의 자녀가 이미 그 단계를 벗어났다면, 이 단원을 건너뛰어도 좋습니다. 하지만 건너뛰기 전에 우리가 사용하는 수 체계가 얼마나 기발하고 정교한지 잠시 살펴보았으면 합니다. 만약 고대 그리스 로마 시대 사람이 현재 1학년 교실로 순간 이동을 해 온다면, 그는 1이 하나가 되고, 십도 되고, 심지어 천이 되기도 하는 수 체계를 보고 경외심을 느낄 것입니다. 그리고 소수점의 사용이나 십을 곱할 때마다 단위를 붙이는, 자신들과 다른 수 체계에 당황할 것입니다. 숫자는 어른들(숫자를 사용하는 데 익숙한)이 생각하는 것처럼 그리 쉬운 것이 아닙니다. 많은 아이들이 수 세기를 배우고 난 후에, 몇 년 동안은 '자릿값'을 이해하는 데 어려움을 겪는다는 사실은 결코 놀라운 일이 아닙니다.

이 단원에서는 우리가 사용하고 있는 수 세기 체계가 어떻게 완성되었는지에 대한 배경지식을 주고자 합니다. 또한 오늘날 학교에서 이것을 어떻게 가르치는지 간략히 알아보고, 수 체계에 대한 이해를 높일 수 있는 게임과 활동을 제안할 것입니다.

수와 자릿값과 관련하여
아이들이 겪는 어려움

1. 6000이 5099보다 1 많다고 생각한다.

2. 백삼십육을 10036이라고 쓴다.

3. 243에는 10이 4개만 있는 것이 아니라 24개 있다는 것을 이해하지 못한다.

4. 3.453은 3.35보다 작다고 생각한다. 왜냐하면 3.453에는 1000분의 1자리까지 있기 때문이다.

5. 0.75가 0.203보다 작다고 생각한다. 왜냐하면 75가 203보다 작기 때문이다.

10을 단위로 사용하게 된 사연

우리가 사용하는 수 체계는 10을 단위로 합니다. 10이 10개면 100이 되고, 100이 10개 있으면 1000이 됩니다. 10을 단위로 사용하는 이유는 우리의 손가락이 10개라는 사실, 더불어 발가락도 10개라는 사실과 깊은 연관이 있습니다.

10을 단위로 사용하는 이러한 체계(십진법)는 우리에게 아주 익숙하고 매우 자연스럽게 여겨집니다 하지만 백의 자리, 십의 자리, 일의 자리 등과 같이 우리가 알고 있는(돈의 계산이나 측정에 사용하는) 자릿값은 겨우 몇 백 년 전부터 사용되기 시작하였습니다. 아이들이 문자 '해독'을 배우고 숙달된 독서가가 되기까지 오랜 시간이 걸리듯이, 우리가 만들어 낸 수 체계를 유창하게 말하고, 읽고, 쓰기까지는 그만큼의 오랜 시간이 걸립니다.

10개씩 묶는 아이디어는 주판이 사용되던 몇 세기 전에 고안이 되었습니다. 초창기의 주판은 9개의 작은 조약돌이 들어가는 홈이 파인 진흙으로 만들어졌습니다. 10이 되면 10개의 조약돌 대신에 다음 홈에 들어 있는 조약돌 하나로 바꾸면 됩니다. 그 홈에 있는 9개의 조약돌이 가득 채워져서 다시 10을 만들어야 한다면, 그다음 홈에 조약돌 하나를 놓으면 됩니다. 일일이 적으며 계산할 필요가 없습니다. 조약돌을 이용해서 계산이 가능합니다.

좀 더 큰 수를 나타내기 위하여 다른 기호가 사용되는 경우도 있었습니다. 예를 들면, 로마 시대에는 X가 10을 나타냈고, C가 100을 나타냈습니다.

이러한 초기의 수 체계에는 0이 사용되지 않았습니다. 주판의 특정한 홈에 조약돌이 없으면 되니까 빈자리를 굳이 기록할 필요가 없었습니다. 로마에서는 305를 CCCV로 나타냈습니다. 이때도 0은 필요하지 않았습니다. X가 표기되지 않았으니까 십의 자리가 없다는 것을 확실히 알 수 있으니까요.

자릿값은 어떻게 발명되었을까?

아라비아 수 체계를 사용하면서 많은 것이 바뀌기 시작했습니다. 똑같은 기호 3 하나로 3, 30, 300, 혹은 3백만 등을 나타낼 수 있습니다. 이제 기호만큼이나 중요한 것은 기호의 위치입니다. 주판 백의 자리에

:고대 로마 숫자에 대하여

I	1
V	5
X	10
L	50
C	100
D	500
M	1000

고대 로마 숫자 체계에서는 위에 제시된 7개의 기호가 사용되었습니다. 이들 기호에는 우리가 사용하는 십진법과 같이 1, 10, 100, 1000이 있지만, 각 자리의 반이 되는 5, 50, 500도 있음을 알 수 있습니다. 4000 이상의 숫자를 나타내기 위해서는 숫자 위에 가로선을 그어 '1000배'를 나타냈습니다. 예를 들면, $\overline{X}$는 10000을 나타냅니다. 로마 숫자에서 I, X, C가 항상 1, 10, 100을 의미하는 건 아닙니다. 이 숫자들을 X, C, M의 왼쪽에 놓으면, 빼기 1, 빼기 10, 빼기 100을 나타냅니다. 예를 들어, IX는 10−1＝9, CD는 500−100＝400을 말합니다.

조약돌 3개, 십의 자리에 아무것도 없고, 일의 자리에 조약돌 5개가 있다고 합시다. 그러면 사람들은 '3 5'라고 쓸 것입니다. 이때, 3과 5 사이의 빈 공간은 어떻게 되는 것일까요? 누군가 10의 자리 숫자를 빠뜨리고 쓴 것처럼 보일 우려 없이, 일부러 비웠다는 것을 명백히 보여 주려면

어떻게 해야 할까요? 또는 10의 자리도 없고 100의 자리도 없다는 것을 보여 주려면, 예를 들어 3이 3000임을 나타내려면 어떻게 해야 할까요? 이러한 문제는 빈 공간을 나타내는 0을 발명하면서 해결되었습니다. 3 과 5 사이에 0을 놓아 305로 나타내면서 3과 5는 각각 백의 자리와 일 의 자리를 나타낼 수 있게 되었습니다. 이제 3이 나타내는 값은 분명합니다. 바로 300이죠. 이것을 우리는 자릿값이라고 부릅니다.

자릿값을 사용하는 숫자 표기법은 인쇄기의 발명과 함께 널리 사용되었습니다. 종이가 싸지면서 사람들은 주판이라는 '낡은' 계산 도구를 버리고 종이와 연필이라는 새롭고 다재다능한 도구를 사용하게 되었습니다. 일부 역사가들은 오늘날 벌어지는 '종이와 연필' 대 '계산기'에 대한 논쟁처럼, 그때도 새로 등장한 종이와 연필이라는 도구의 '소리 없는' 영향력에 대하여 치열한 논쟁이 있었으리라고 추측합니다.

만일 우리 손가락이 10개가 아니고 8개라면 어떻게 되었을까요? 우리가 당연하게 여기는 자릿값에 대해 좀 더 살펴보기 위하여 위와 같은 가정을 해 봅시다.

우리 손가락이 10개가 아니라면?

우리는 수를 셀 때 손가락을 접으면서 셉니다. 손가락이 모두 접히면 다시 시작해야 합니다. 예를 들어 12개의 물건을 가지고 있다고 합시다. 그러면 손가락 한 세트와 두 개 추가라고 말하면 됩니다. 이것이 바로 12를 나타냅니다. 아이들이 12에 있는 1을 '10개 묶음 하나'로 연결 짓는 것은 대단한 발전입니다. 아이들의 의식 구조를 살펴보고, 이러한 수 체계를 이해하는 일이 아이들에게는 하나의 도전이라는 사실을 이해하기 위해서 익숙하지 않은 수 체계로 수를 나타내 보는 것이 도움이 됩니다. 우리의 손가락이 10개가 아니라고 상상해 보세요. 수학에서 어떤 일이 벌어질까요? 손가락이 8개라면(바트 심슨이나 미키 마우스처럼?) 이렇게 수를 세어야 할 것입니다. 1, 2, 3, 4, 5, 6, 7, 10, 11, 12……. 이것은 8진법입니다. 8을 밑으로 하는 수 세기법이죠. 이러한 수 세기에서는 숫자 8을 절대로 사용할 수 없음을 주지하세요. 여기서는 10이 열 개가 아닙니다. 10은 여덟 개짜리 한 묶음과 일의 자리가 비어 있는 수입니다. 그래서 손가락이 8개인 세계에서 12는 8묶음 하나와 낱개가 2인 수를 말합니다. 바로 우리 수 체계에서의 10을 나타냅니다.

 스스로 평가

8진법으로 나타낸 수 124를 우리가 사용하는 십진법의 수로 바꾸어 보세요. 얼마일까요?

여러분은 이 아이디어를 여러분 마음에 드는 그 어떤 손가락의 개수로도 확대해 볼 수 있습니다. 오직 두 개의 손가락만 가진 외계인을 상상해 보세요. 그는 2라는 숫자를 절대로 사용하지 못할 것입니다. 대신에 처음 세 개의 숫자를 1, 10, 11……. 이렇게 셀 것입니다. 그다음은 무엇일까요? 2개의 손가락을 가지고 있는 경우에는 숫자 2를 절대로 사용하지 않기 때문에 11 다음에는 100이 옵니다. 그다음에는 101, 110, 111, 1000이 옵니다(여기서 1000은 8을 나타냅니다. 8개가 하나, 4개는 없

고, 2개도 없고, 1도 없는 수이죠.). 2개의 손가락을 사용하는 수 체계를 '2를 밑으로 하여 나타낸 수'라고 하며, 보통 이진법이라고 합니다.

다른 진법 체계가 어떻게 이루어져 있는지를 이해한다면 우리가 당연하게 여기고 있는 십진법 체계를 더 잘 이해할 수 있습니다. 또한 컴퓨터의 작동 원리가 궁금한 사람들은 이진법을 공부하면 도움이 됩니다. (뒤에서 좀 더 알아봅시다.)

 GAME 20 말하기*

이 게임은 전 세계적으로 잘 알려진 게임입니다. 일곱 살짜리 어린이도 할 수 있으며 십대들과 어른들도 즐길 수 있습니다. 이 게임은 다양하게 변형되어 왔는데 기본형은 '20 말하기'입니다. 게임 방법은 다음과 같습니다. 두 명의 참가자가 1부터 20까지 번갈아 가며 수를 말합니다. 이때, 숫자를 한 개만 말하는 것이 아니라 세 개까지 말할 수 있습니다. 그리고 마지막 20을 말하는 사람이 지는 게임입니다. 따라서 각 참가자는 순서를 기다리는 동안, 이번에 어디까지 말해야 승리할 수 있는지 생각해야 합니다. 예를 들어 보겠습니다.

엄마 : 1, 2.
아이 : 3.
엄마 : 4, 5, 6.

---

* 이 게임은 님(Nim) 게임이라고 알려져 있습니다. 님 게임이란 동전이나 성냥개비를 일정하게 모아 놓고, 차례대로 가져가다가 맨 마지막 남은 걸 집어 가는 사람이 이기거나 지는 게임입니다. 이때, 동전이나 성냥개비는 1개나 2개 또는 3개까지 가져갈 수 있습니다. 옛날 선술집 같은 곳에서 행해졌습니다.

아이 : 7, 8.

엄마 : 9, 10, 11.

아이 : 12, 13, 14.

엄마 : 15, 16 ······.

아이 : (크게 웃으며) 17, 18, 19!

엄마 : 20 ······.

아이들은 이 게임을 여러 번 하면서 어떻게 전략을 짜야 하는지 고민합니다. 이 게임의 열쇠는 19를 말하는 것입니다. 그래야 상대방이 선택의 여지없이 20을 말하게 되니까요. 그런데 여러분이 19를 말하려면 어떻게 해야 할까요?

먼저 15를 말하면 됩니다. 15를 말하고 나면, 상대방이 어떤 수를 말하더라도(16을 외치든, 16과 17을 외치든, 16, 17, 18을 외치든) 다음 차례에서 19까지 말할 수 있습니다.

사실 여기에는 일정한 규칙이 있습니다. 게임을 이기려면 '디딤돌'이 되는 3, 7, 11, 15, 19를 반드시 말해야 합니다.

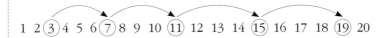

1 2 ③ 4 5 6 ⑦ 8 9 10 ⑪ 12 13 14 ⑮ 16 17 18 ⑲ 20

게임을 이기기 위해서는 처음에 3까지 세어야 합니다. 먼저 시작하는 경우에는 아주 간단하죠. 먼저 "1, 2, 3." 하고 말하세요. 그러나 만일에 뒤에 하는 사람이라면 상대방이 먼저 3까지 말하지 않기를 간절히 빌어야겠죠. 그런 다음, 자기 차례가 되었을 때 각각 7, 11, 15, 19

까지 말하면 됩니다.

이 게임은 단순한 수 세기처럼 보이지만 사실은 그보다 더 심오한 게임입니다. 바로 규칙 찾기 게임입니다. 즉시 규칙을 바꾸어 새로운 게임을 만들 수도 있습니다. 예를 들어 25까지 말하기로 하면 어떨까요? 아니면 한 사람이 숫자를 4개까지 말할 수 있게 정하면? 세 명이 함께 게임을 하는 건 어떨까요?

묶어서 세기에 도전

큰 수 세기로 들어가기 전에, 아이들이 수 세기를 배울 때 어떤 어려움을 느끼는지 알아봅시다.

아이들은 '하나, 둘, 셋.' 하고 세는 말을 배워야 합니다. 어른들에게는 쉬운 일이지만, 침대 위에 놓인 곰 인형의 이름을 불러 줄 때와는 다르게 항상 같은 순서로 말해야 한다는 사실을 아이들은 알아야 합니다. 아기 때 불러 주던 리듬감 있는 수 세기 노래는 아이들의 학습에 도움을 줄 수 있습니다.

아이들은 초기에 수를 '양'적인 개념이 아니라, '형용사'로서 받아들입니다. '나는 네 살이다.'라는 것과 '나는 짱구이다.', '나는 남자이다.'라는 것을 같다고 생각합니다. 집의 번지수, 휴대 전화 번호, 텔레비전 채널 등 아이들은 숫자에 둘러싸여 있습니다. 그러나 이것들이 양적인 의미를 가지고 있다는 사실을 알지 못합니다. 부모들은 아이들이 이것들을 수와 연결시킬 수 있도록 도와주어야 합니다. 예를 들면 사탕 여섯 개를 꺼내어 다섯 살짜리 아이와 함께 세어 보세요. 그런 다음, 아이에게 셋을 달라고 말해 보세요. 그러면 아이는 사탕 세 개를 주는 것이 아니라, 셋이라고 말할 때 여러분이 손가락으로 가리켰던 사탕 하나를 건네줄 것입니다.

처음에는 하나, 둘, 셋, 넷, 다섯, 여섯, 이렇게 수를 세면서 여러분이 여섯이라고 할 때 마지막 사탕을 가리키던 아이들이, '여섯'이라는 것이 사탕 전체를 의미한다는 것을 알기까지는 큰 진전이 필요합니다. 시간이 흐르면서 아이들은 수를 말하면서 동시에 정확히 하나의 사탕을 가리키기, 사탕이나 수를 빠뜨리지 않기, 같은 사탕을 두 번 세지 않기를 제대로 할 수 있게 됩니다. 수 세기를 배울 때는 그림보다는 실제 물건이 더 좋습니다. 실제 물건은 세면서 옮길 수 있기 때문에 두 번 세지 않으며, 빠뜨리지 않고 셀 수 있습니다.

자, 이제 여러분이 예닐곱 살 꼬마라고 생각해 봅시다. 수 세기 게임에 이제 막 자신감을 가지기 시작했습니다. 손가락을 하나부터 열 개까지 다 꼽으며 수를 세어 주변 사람들이 아주 기뻐합니다. 그때 누군가가 나타나서는 여러분의 접혀진 열 개의 손가락을 보면서, '하나'라고 소리칩니다! 이 말은 10묶음이 하나 있다는 말입니다. 고대 로마 시대의 아이였다면 더 쉬웠겠지요. 10을 나타내는 X라고 하면 되니까요.

아이들이 돈에 대해 배울 때도 똑같은 어려움을 겪습니다. 왜 오십 원짜리 한 개가 십 원짜리 5개와 같은 것일까요?

게임하기, 모으기, 묶기, 교환하기, 이름 붙이기와 같은 활동은 수 세기 개념을 명확히 하는 데 많은 도움을 줍니다. 아이와 100원짜리를 모아서 500원이 될 때마다 500원짜리 한 개로 바꾸는 간단한 주사위 게임도 해 봅시다. 주사위 눈 하나를 100원으로 하고 게임을 해 보세요.

일상생활에서 묶어 세기를 하는 경우의 예를 들어 보세요. 슈퍼마켓에서 묶음을 구입하는 경우를 생각해 봅시다. "12병들이 주스 2상자를 산다면, 주스는 모두 몇 병일까요?"

요구르트는 5개를 하나로 묶어 팝니다. 우리는 일주일 동안 20개를 먹습니다. 그렇다면 몇 묶음 사야 할까요?

GAME 천사와 악마

이 게임은 세 개 또는 네 개의 숫자를 만들어서 읽는 재미있는 게임입니다. 준비물로는 한 벌의 트럼프 카드(조커는 뺍니다.), 연필과 종이가 필요합니다. 에이스(A) 카드는 1로 생각합니다.

게임 참가자는 종이 위에 아래 그림과 같이 세 개의 네모를 나란히 그립니다. 각 네모는 카드가 들어갈 정도로 커야 합니다.

먼저 가장 큰 수를 만들지 가장 작은 수를 만들지 결정합니다. 그리고 카드를 잘 섞어서 엎어 놓습니다. 맨 위에 있는 카드부터 차례로 뒤집어 세 개의 네모 가운데 하나 위에 올려놓으세요. 각 참가자는 세

개의 카드를 상자에 놓은 다음 세 자릿수로 읽습니다. 예를 들면, 2, 5, 9의 경우에 이백오십구라고 읽으면 됩니다. 처음 규칙대로 가장 큰 수 또는 가장 작은 수를 만든 사람이 우승자입니다.

이것은 천사 버전입니다. '악마' 버전도 있습니다. 악마 버전에서는 카드를 하나 집은 뒤, 그것을 자신의 상자나 상대방의 상자 중 어느 하나에 마음대로 놓을 수 있습니다. 온 가족이 모여 게임을 하는데 다섯 판을 내리 이기고 싶다면 다른 사람이 이기지 못하도록 많은 전략이 필요합니다. 이 게임을 네 자릿수 만들기로 바꾸어 진행할 수도 있습니다.

그럼 게임에서 이길 수 있는 방법을 생각해 볼까요? 먼저 천사 버전으로 게임을 하고 있고 가장 큰 수를 만들어야 한다고 합시다. 그런데 여러분이 뒤집은 카드에서 1이 나왔습니다. 그럼 어디에 놓아야 할까요? 1은 작은 수이기 때문에 오른쪽에 놓아야 합니다. 그러나 5와 같이 중간 숫자가 나왔다면요? 좀 고민이 되는군요. 안전하게 이 수를 첫째 자리에 놓겠습니까, 아니면 다음에 더 큰 수가 나오겠지 하는 기대로 모험을 하겠습니까? 그건 여러분의 선택에 달려 있습니다.

큰 수를 가지고 하는 게임

숫자 읽기가 까다롭다고요? 그렇다면 좀 더 살펴볼까요? 이번에는 큰 수를 어떻게 읽는지 알아봅시다. 가벼운 마음으로 아이들과 함께 생각해 보세요.

먼저 아이들과 함께 작은 수부터 점점 큰 수로, 순서대로 말해 보세요. 10까지, 20까지, 30까지…… 길을 따라 걸으며 함께 수를 세자고 하세요. 그리고 다음과 같이 수 세기 게임을 해보십시오. "아빠랑 수를 세어 볼까? 60부터 시작하자.", "이번에는 75부터 수를 세어 볼까? 하나씩 교대로 다음 수를 말해 보자." 심각하게 하지 말고 재미있게 접근하세요. "10씩 건너뛰어 세어 볼까? 사십부터 시작하자. 오십, 육십, 칠십, 팔십. 다음엔 뭐지? 구십. 그다음은 뭘까?" 만약 아이들이 구십 다음에 십십이어야 한다고 말한다면 기뻐하십시오. 이는 정말 수학적으로 논리적인 생각입니다. 그다음 숫자인 백은 십이 10개 있는 수인데, 아이들이 십진법의 원리를 이해하고 있다는 의미이기 때문입니다.

 누가 먼저 100까지 가나

자릿값과 관련하여 다른 게임을 소개하겠습니다. 준비물은 주사위 한 개, 종이와 연필입니다. 상대방보다 먼저 정확히 100점을 얻으면 승리합니다.

먼저 교대로 주사위를 던집니다. 이때 나온 수를 그대로 하거나 또는 10배를 하여 점수로 가질 수 있습니다. 아래 예와 같이 주사위를 던져서 4의 눈이 나왔다면, 4 또는 40이 점수가 됩니다. 이렇게 얻은 점수를 계속 더하고 먼저 정확히 100점이 되는 사람이 이깁니다. 100을 넘어서는 절대 안 됩니다.

아이			아빠		
주사위 눈	점수	합계	주사위 눈	점수	합계
3	30	30	5	50	50
4	40	70	6	6	56
4	4	74	2	20	76
5	5	79	1	10	86
2	20	99	4	4	90
1	1	100	2	2	92

아이 승리!

이 게임은 100에서부터 출발하여 얻은 점수를 뺄 수도 있습니다.

아이들의 머릿속 :

아이들이 자릿값을 제대로 이해했는지 테스트하기 위하여 다음과 같은 문제가 출제됩니다.

다음 숫자들을 큰 수부터 순서대로 적으시오.

901   1001   910   99   109   190   999

한 아이가 쓴 답을 보겠습니다.

999   99   910   901   190   109   1001

이 아이는 왜 위와 같이 대답했을까요? 이 아이는 숫자를 볼 때, 그 숫자가 놓여 있는 자리를 보는 것이 아니라 숫자 자체에만 집중하고 있습니다. 그래서 '9가 가득 들어 있는 999는 1001보다 큰 수야.'라고 생각하는 것입니다.

아래와 같이 표에 자릿값을 적어 놓고, 각 자리에 해당하는 수를 써 보면, 자릿값에 대하여 잘 이해할 수 있습니다. 1001과 999는 다음과 같이 적을 수 있습니다.

1000의 자리	100의 자리	10의 자리	1의 자리
1	0	0	1
	9	9	9

짝수와 홀수

수 세기에 어느 정도 익숙해지면, 이제는 수에서 규칙성을 발견할 수 있습니다. 가장 간단한 규칙성은 짝수와 홀수입니다. 이는 여섯 살 정도가 되면 구별할 수 있습니다.

가장 쉽게 찾을 수 있는 건 운동회에서 청팀과 백팀을 나누는 방법입니다. 아이들은 따로 말해 주지 않아도 1, 3, 5, 7반은 청팀, 2, 4, 6, 8반은 백팀으로 아주 쉽게 나누지요.

홀짝 카드

우편엽서 크기의 평범한 종이 다섯 장을 준비하세요. 검정색 펜을 이용하여 카드에 짝수(0, 2, 4, 6, 8)를 씁니다. 그다음에 빨간색 펜으로 0 뒤에 1을, 2 뒤에 3을 쓰세요. 이런 방법으로 남아 있는 세 장의 카드에 각각 5, 7, 9를 씁니다.

엄마가 5장의 카드를 테이블 위에 잘 펼쳐 놓은 다음, 엄마는 카드를 볼 수 없게 뒤로 돌아 앉으세요. 그리고 아이에게 원하는 만큼 카드를 뒤집으라고 하세요. 그러면 아이는 한 개만 뒤집거나, 아니면 5개 모두 뒤집을 것입니다(당연히 2개나 3개, 4개도 가능합니다.). 물론 엄마는 몇 장의 카드가 뒤집어졌는지 알 수 없습니다.

자, 이제 테이블 위에 보이는 숫자의 합이 얼마인지 맞혀 볼까요? 아직 엄마는 뒤돌아 있기 때문에 어떤 숫자가 보이는지 알 수 없습니다. 이때 아이에게 테이블 위에 홀수인 빨간색 숫자가 몇 개 있는지만 알려 달라고 하세요. 예를 들어 아이가 빨간색 숫자가 두 개 보인다고 말했다면, 여러분은 아주 어려운 계산을 하는 것처럼 빨간색 숫자와 검정색 숫자를 더하고 빼고 생각을 하는 척하면서 답을 말하면 됩니다. "정답은 22입니다." 그리고 테이블 쪽으로 돌아서 아이와 함께 카드의 수를 모두 더해 보세요. 그럼 정말 22가 되는 것을 확인할 수 있습니다.

비밀은 아주 간단합니다. 아이가 빨간색 숫자를 몇 개 보았든지 간에 그 수와 20을 더한 것이 정답입니다. 왜 그럴까요?

만약 아이가 빨간색 카드는 없다고 한다면 보이는 수의 합(검은색으

로 쓰인 짝수의 합)은 20입니다. 빨간색 수가 하나 보인다면, 수의 합은 1이 증가합니다. 왜냐하면 빨간색 수(홀수)는 반대편에 적힌 검은색 수(짝수)보다 항상 1이 많기 때문입니다. 카드가 몇 개 뒤집혔는지는 전혀 문제가 되지 않습니다. 빨간색 숫자가 3개 보인다면, 카드에 적힌 숫자의 총합은 20+3입니다.

거꾸로 세기

아이들이 수 세기를 거꾸로도 할 수 있다면 진정한 수 세기의 달인이 되는 것입니다. 로켓이 이륙하기 전에 "5, 4, 3, 2, 1, 발사!" 하며 외치는 초 읽기는 아이들에게 좋은 동기 유발 장면입니다.

거꾸로 세기를 이용하여 아이들에게 다음과 같이 장난을 해 보는 것도 재미있습니다.

"나는 손가락이 11개야. 혹시 너 알고 있니?"

아이는 호기심을 보이며 손을 살핍니다.

"아니에요. 10개인데요!"

"아니야. 잘 봐. 자, 여기 왼손이 있어. [차례대로 왼손 손가락을 가리키며] 10, 9, 8, 7, 6[새끼손가락을 가리키며 6을 말합니다.]. 자, 이게 6이야. 그런데, 오른손 손가락이 5개잖아. 6 더하기 5는 11이고."

아이는 순간 당황스러워하지만, 손가락이 사실은 10개라는 것을 찬

찬히 보여 주면 아주 즐거워합니다.

 GAME | **색깔 예언**

이 게임은 수 세기 학습에 좋습니다. 또한 고학년 아이들도 재미있어 하는데, 고학년 아이들에게는 원리를 알아내도록 과제를 주면 좋습니다.

게임을 하는 방법은 다음과 같습니다. 종이 한 장을 가져다가 몰래 '주황'이라고 적습니다. 그리고 다른 사람들이 볼 수 없도록 뒤집어놓습니다.

우리는 아래 그림을 사용할 것입니다. 마치 9처럼 생겼죠. 색깔들로 원을 이루고 있으며, 끝에는 꼬리가 달려 있네요.

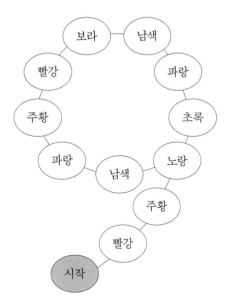

1. 꼬리 끝에 있는 '시작'이라고 적힌 원에서 출발합니다.

2. 아이에게 2보다 크고 10보다 작은 수를 하나 고르게 하세요.

3. 시작에서 출발하여, 손가락으로 무지개 색깔 원을 따라 수를 셉니다. 1은 빨강, 2는 주황, 3은 노랑, 4는 초록……. 아이가 말한 숫자에서 멈춥니다.

4. 이제 시계 방향으로(반대로) 같은 수만큼 다시 셉니다. 이번에는 꼬리로 나가지 말고 원 위를 돕니다.

그러면 항상 주황 위에서 멈출 것입니다.

10보다 큰 수로 게임을 해도 좋습니다. 11보다 더 커도 좋고요. 원을 여러 바퀴 돌아도 괜찮습니다. 50처럼 큰 수를 골라 보세요. 아주 빠르게 큰 소리로 수를 셉니다. 자, 역시 주황에서 끝나죠! 신기하지 않나요?

이 게임은 두 가지 의미를 가지고 있습니다. 수 세기를 연습할 수 있으며, '왜 항상 결과가 같은가?'라고 심오하게 질문을 던지고 있습니다. 아주 흥미로운 문제 해결 게임입니다.

가장 큰 수

여러분이 생각하는 가장 큰 수는 무엇입니까? 18……94……100……1000. 가장 큰 수는 무엇일까요? 가장 큰 수가 있을까요? 아이들은 이 게임을 좋아합니다.

자기가 생각하는 큰 수를 소리 내어 외치면서 시작합니다. 만, 억, 조…… 아주 큰 수! 큰 수를 만들려면 0의 개수가 늘어나고, 이는 자릿값이 증가하는 것과 같기 때문에, 큰 수를 만들어 보는 일은 자릿값의 개념을 이해할 수 있는 좋은 방법이 됩니다.

억 단위의 수를 상상하기란 아주 어렵습니다. 대부분의 아이들에게는 천이라고 하는 숫자도 어마어마하거든요. 뉴스에 인용된 큰 수를 소개하는 것만으로도 아이들의 상상력을 자극할 수 있습니다. 예를 들면 축구 선수의 이적료 같은 것 말이죠. 뉴스에서 "박지성은 8억을 받고 다른 팀으로 옮겼습니다."라는 방송이 나왔다고 합시다. 그러면 아이에게 다음과 같이 질문할 수 있습니다. "만약 네가 일주일에 100원씩 저축한다면, 박지성을 우리 팀으로 데려오려면 시간이 얼마나 걸릴까?"

놀랍게도 대부분의 아이들은 일 년 정도면 충분하다고 생각합니다. 틀렸습니다! 그럼 10년? 100년? 아이들은 점점 흥미를 갖고 물어봅니다.

정답은 어림잡아 160000년입니다. 대부분의 아이들은 이 숫자를 들어도 어느 정도의 크기를 갖는지 감을 잡지 못합니다. 그래서 여러분은 아이들에게 160000년 전은 마지막 빙하기가 시작되기 이전이라는 사실을 설명해야 합니다. 네안데르탈인이 유럽 구석구석을 아직도 어슬렁거리고 있을 때죠. 그 원시인이 다음과 같이 생각한다고 상상해 보세요. '나는 160000년 안에 우리 팀에 박지성을 데려오고 싶어. 그래서 내가 매주 100마리의 매머드 피부를 벗겨 내고 있지.' 축구 선수들이 그럴 만한 가치가 있을지 모르겠지만요.

만과 억은 어떤 차이가 있을까요?

여러분 집에서 가장 큰 방으로 가세요. 이제 그 방의 한쪽 폭이 '1억'을 나타낸다고 가정해 봅시다. 그럼 '1만'은 한쪽 벽 끝에서 얼마나 이동해야 할까요? 1만도 작은 수는 아니기 때문에 벽을 따라 제법 가야 1만쯤 될 것이라고 생각할 것입니다. 하지만 사실은 기대와 다릅니다. 예를 들어 방의 폭이 5m라고 합시다. 그러면 1만에 해당되는 양은 겨우 0.5mm 정도일 뿐입니다. 1억에 비하면 1만은 아주 작은 양입니다. 1조에 비하면 1억도 아주 작은 양이고요.

만, 억, 조와 같은 숫자들은 신문 지상에서 자주 발견됩니다. 아이들이 큰 것과 아주 큰 것, 어마어마하게 큰 것 사이에 엄청난 차이가 있다는 것을 알 수 있도록 이 숫자들을 잠시 살펴봅시다.

1만 — 10000

1억 — 10000 0000

1조 — 10000 0000 0000

1경 — 10000 0000 0000 0000

……

어마어마하게 큰 수 다음에는 '무한대'라고 부르는 것이 있습니다. 그러면 어떤 사람은 "무한대 더하기 1은 뭐죠?"라고 물어봅니다. 무한대 더하기 1은 무엇일까요? 알고 싶으신가요? 이 책을 끝까지 읽다 보면 자연스레 알게 될 겁니다.

소수점

수를 무한히 크게 할 수 있는 것처럼 무한히 작게 할 수도 있습니다.

앞에서 우리는 10개씩 묶어서 수를 세면서, 각 자릿값은 그 오른쪽에 있는 자리보다 10배 큰 수를 나타내고 있다는 사실을 살펴보았습니다 (백은 십의 10배이고, 천은 백의 10배입니다.). 이와 같은 패턴은 역으로도 성립합니다. 왼쪽에서 오른쪽으로 갈수록 각 자릿값은 10배씩 감소하는 것이죠(백은 천보다 10배 작고, 1은 10보다 10배 작습니다.). 그런데, 왜 여기서 그만둘까요?

우리는 '1'도 10배 줄일 수 있습니다. 바로 $\frac{1}{10}$입니다. $\frac{1}{10}$도 10배 줄일 수 있습니다. $\frac{1}{100}$입니다. 이런 1보다 작은 숫자들을 소수(decimal)라고 합니다. 영어로 decimal이라는 말은 'decimate*'라는 말에서 유래되었는데, decimate의 원 뜻은 '10배로 작아지는'이라는 의미입니다.

수학자들이 소수에 관한 아이디어를 생각해 냈을 때, 한 가지 문제가 발생했습니다. '이 새로운 숫자를 어떻게 나타낼까?' 하는 문제였습니다. '$93\frac{5}{10}$, $\frac{8}{100}$'이라고 쓸 수도 있지만 정수가 끝나고 소수가 시작되는 부분을 표시하기 위하여 점을 사용하자는 번뜩이는 아이디어가 나왔습니다. '93.58'처럼요.

그래서 소수점 아래 자릿값은 원하는 만큼 계속 쓸 수 있게 되었습니다.

---

* 약화시키다. 고대 로마에는 decimation이라고 부르는 잔인한 형벌이 있었습니다. 한 군인 집단에서 뭔가 잘못된 일이 일어나면 10명 중 한 명을 임의로 골라 죽이는 형벌입니다.

1의 자리	$\frac{1}{10}$ 의 자리	$\frac{1}{100}$ 의 자리	$\frac{1}{1000}$ 의 자리
3	5	8	4

수를 무한히 크게 만들 수 있는 것처럼, 무한히 작게도 만들 수 있습니다.

는 0.125는 $\frac{1}{1000}$ 자리까지 있는데, 0.8은 $\frac{1}{10}$ 자리까지 밖에 없기 때문이라고 생각합니다(천의 자리까지 있는 수는 당연히 십의 자리까지 있는 수보다 큽니다. 그리고 $\frac{1}{1000}$ 자리와 $\frac{1}{10}$ 자리도 천의 자리, 십의 자리의 경우와 같다고 생각합니다.).

대소 관계를 결정하기 위해서는 각 숫자의 자릿값에 대하여 살펴보아야 합니다. 0.8은 $\frac{1}{10}$ 자리가 8개인 반면에, 0.125는 $\frac{1}{10}$ 자리가 1개뿐이므로 다른 자리의 숫자는 볼 것도 없이 0.8이 크다는 사실을 이해해야 합니다.

또 하나의 지나친 일반화는 소수점 다음에 나오는 숫자를 정수처럼 읽는다는 것입니다. 예를 들어 볼까요. 0.125를 '영 점 백이십오', 0.85을 '영 점 팔십오'라고 읽어서 오히려 0.125가 0.85보다 더 큰 수인 것처럼 느껴지게 합니다.

2
덧셈과 뺄셈 : 머리셈*하기

—

해리는 500원짜리 동전을 모았다.

그래서 8,000원이 되었다.

해리가 가지고 있는 동전은 모두 몇 개인가? 16

어떻게 구했는지 아래 빈 칸에 설명하여라.

덧셈과 뺄셈은 수학을 이루는 두 개의 초석입니다. 또한, 엄마와 아빠가 수직선이나 수의 합성과 같이 익숙하지 않은 용어들과 만나게 되는 첫 번째 관문입니다.

　요즘 아이들은 덧셈과 뺄셈을 배울 때, 종이와 연필을 사용하는 계산법을 배움과 동시에 생각하게 하는 다양한 문제 풀이 방법을 배웁니다. 아마도 이것이 계산법에서 나타난 가장 큰 변화일 것입니다. 이 단원에서는 왜 이러한 변화가 나타났는가에 대하여 살펴볼 것입니다.

　덧셈과 뺄셈 중에서 아이들이 어려워하는 것은 뺄셈입니다. 대부분의 부모들은 뺄셈을 단순히 덧셈의 반대로 생각하는 경향이 있습니다. 그러나 사실 뺄셈은 다양한 의미를 가지고 있기 때문에 그리 단순하지 않습니다.

　뺄셈은 덜어 내는 것을 의미합니다. 차이를 의미하기도 하고요. 심지어는 덧셈을 의미하기도 합니다. 예를 들어 볼까요? 만약 201개의 도토리를 가지고 있는데, 196개를 버렸다고 합시다. 그럼 몇 개가 남았을까요? 아이들은 이 문제를 어려운 뺄셈 문제로 생각하는데, 어른들은 덧

＊ mental methods. 여기서는 '머리셈'으로 번역했습니다. 수 감각(number sense)과 유사한 의미로 사용되고 있습니다.

셈으로 생각합니다(196개에서 201개가 되려면 몇 개가 필요하지? 쉽군, 5 개!). 덧셈과 뺄셈은 종종 같은 것을 의미하기 때문에 우리는 이 단원에서 이 둘을 결합하여 설명할 것입니다.

이 단원에서는 단순한 계산법 외에 덧셈과 뺄셈을 푸는 여러 가지 방법이 왜 중요한지, 암산과 무엇이 다른지, 아이들이 그런 기능을 개발할 수 있도록 어떻게 도와야 하는지를 살펴볼 것입니다. 그리고 다음 단원에서는 암산으로 쉽게 다룰 수 없는 수의 덧셈과 뺄셈을 알아보고, 아이들이 배우는 계산법에 대하여 살펴보겠습니다.

암산으로 덧셈과 뺄셈을 할 때
아이들이 겪는 어려움

1. 더 간단한 방법이 있는데도 더하기 위해서 하나씩 센다. 또는 빼기 위해서 하나씩 거꾸로 센다. 예를 들면, 17에 9를 더할 때, 10을 더하고 1을 빼면 더 빠른데도 18, 19, 20, ……이렇게 센다.
2. 간단한 방법을 찾아내어 풀 수 있는 문제인데 종이와 연필을 이용한다. 예를 들면 245 + 299 또는 4003 − 2996과 같은 경우.
3. 뺄셈을 '차이 구하기'가 아닌, 오로지 '없애는 것'으로만 생각한다. '나는 내 동생보다 얼마나 더 큰가?'와 같은 경우 동생의 키를 없애는 건 아니다.
4. 절대로 작은 수에서 큰 수를 뺄 수 없다고 생각한다. 그래서 7−11 같은 계산은 불가능하다고 생각한다.

PUZZLE 가우스의 계산법

옛날에 가우스(Carl Friedrich Gauss)라고 하는 꼬마가 살고 있었습니다. 어느 날 선생님은 다른 일을 처리하는 동안 학생들에게 아래와 같은 문제를 냈습니다.

$$1+2+3+4+5+\cdots\cdots+100$$

선생님은 아이들이 답을 구하려면 종이와 연필을 사용하여 어마어마한 양의 계산을 해야 할 것이라고 기대하며 '이 문제를 풀려면 한 시간은 걸릴 거야.'라고 생각했습니다. 그러나 1분도 안되어 가우스가 손을 번쩍 들었습니다. "선생님! 답이 나왔어요."

가우스는 기발한 해법을 발견했습니다. 그 방법은 이 단원의 끝부분에 제시할 것입니다(어떻게 그가 그렇게 빨리 답을 얻었는지 궁금하다면, 힌트를 하나 드릴게요. 모든 숫자들을 두 번 더해 보세요.).

가우스는 훗날 유명한 수학자가 되었습니다. 하지만 우리는 많은 아이들이 가우스와 같은 위대한 수학자가 되는 것을 원하지는 않습니다. 다만 아이들이 '이 계산을 빠르고 효과적으로 풀 수 있는 방법이 있을까?'라고 스스로에게 묻고 고민해 보기를 원합니다. '전통적인' 방법이 아닌 다른 방법으로요. 수를 더하고 뺄 때(아주 큰 수도)는 머릿속으로 정리하여 생각하면 좀 더 빠르고, 좀 더 정확하게 계산할 수 있습니다.

머리셈, 아니면 종이와 연필?

8살 아이에게 다음과 같은 질문을 했습니다. "1998년에 아기가 태어났어. 2001년에 그 아이는 몇 번째 생일을 맞이하게 될까?" 그 순간 아이는 서슴없이 '3'이라고 대답했습니다.

몇 년이 지난 뒤에 같은 질문을 했습니다. 그랬더니 아이는 2001-1998을 적고, 머뭇거리며 다음과 같이 기계적인 계산을 했습니다.

$$\begin{array}{r} 2001 \\ -\ 1998 \\ \hline 1997 \end{array}$$

게다가 아이는 각 자리에 있는 수의 차를 계산하여 잘못된 답을 적었습니다. 세로 계산법의 문제점은 숫자 전체보다는, 숫자 하나하나에 초점이 맞춰진다는 것입니다. 이 말은 아이들에게 의미 있는 계산법으로 다가가지 않는다는 말입니다.

머리셈은 한때 유행했던 암산을 의미하지 않습니다. 그 당시에는 학급 전체에 속사포처럼 빠른 질문을 쏟아붓고는 빨리 대답하도록 했고, 종종 다른 사람보다 늦게 대답하면 부끄러움을 느껴야 했습니다(우리 중 한 사람인 마이크는 학교 다닐 때, 아이들이 빨리 대답하도록 하기 위해서 자로 손을 때리는 선생님이 있었다고 합니다. 그는 지금도 이 논리에 대하여 이해할 수 없다고 말합니다.).

머리셈은 계산에 들어 있는 숫자를 잘 살펴보고 감각적이고 합리적인 계산 방법에 대하여 생각하는 것입니다. 계산하기 전에 '어떻게 이 문제를 풀 수 있을까?'라고 고민해야 합니다.

예를 들어 2734+3562를 계산한다고 합시다. 이 숫자들은 그다지

'깔끔한' 숫자는 아니네요. 그렇다면 종이와 연필을 가져와 자릿값에 맞춰 정확히 적는 것이 합리적인 선택입니다.

하지만 3998 + 4997은 어떤가요? 얼핏 보기에는 앞의 계산과 거의 비슷해 보입니다. 하지만 종이에 옮겨 적기 전에 잠시 생각해 보세요. 두 숫자들은 모두 1000의 배수에 가까운 수라는 것을 알 수 있습니다. 3998은 4000에 가깝고, 4997은 5000과 비슷합니다. 즉, 두 수의 합은 4000 + 5000 = 9000에 가까운 값입니다. 우리가 해야 할 일은 이 수를 약간만 조정해 주는 일입니다. 4000과 5000은 원래의 값에서 2와 3이 많은 값이므로 9000은 정답보다 5 많은 수입니다. 그러므로 정답은 8995가 됩니다. 생각하는 과정을 글로 쓰는 바람에 굉장히 긴 것처럼 보이지만, 사실은 머릿속에서 순식간에 벌어지는 일입니다. 종이와 연필을 사용하는 것보다 더 빠릅니다. 또한 실수도 거의 없습니다.

 스스로 평가

i) 머리셈, 아니면 종이와 연필?

아래 계산 중에서 조금만 생각해서 쉽게 할 수 있는 것은 무엇인가요? 또 종이와 연필이 필요한 것은 어떤 것인가요?

a. 152 + 148   b. 300 − 148

c. 843 − 677   d. 843 − 698

e. 4997 + 5003   f. 6002 − 3999

덧셈의 시작과 수의 합성

덧셈과 뺄셈을 처음 배우던 순간으로 돌아가 봅시다. 어른들은 아주 오래전에 덧셈과 뺄셈을 배웠기 때문에 계산을 능숙하게 하기까지 얼마나 오랜 시간이 걸렸는지 잘 기억하지 못합니다. 여섯 살 때를 생각해 보세요. 바나나 두 개 더하기 바나나 세 개는? 바나나 다섯 개입니다. 호미두 개 더하기 호미 세 개는? 호미 다섯 개입니다. 아이들은 호미가 뭔지도 모르면서 그냥 계산합니다. 하지만 아이들에게 3＋2가 뭐냐고 물어보세요. 그러면 아이들은 멍하니 여러분을 바라볼 것입니다. 너무 추상적이기 때문입니다.

아이들은 학교에 다니면서부터 3＋5, 7－4와 같은 추상적인 덧셈과 뺄셈을 배웁니다. 이때 더해서 특정한 수가 되는 한 쌍의 자연수를 찾는, 수의 합성 연습을 하게 됩니다. 이 방법은 앞으로 아이들이 하게 될 긴 수학 여행, 수의 합성 연습의 시작이며, 과거와 차별화되는 요즘 초등학교 수학의 중요한 특징입니다.*

수의 합성을 재미있게 찾을 수 있는 방법이 없을까요? 게임을 이용하면 좋습니다. 두 개의 주사위를 가지고 하는 여러 가지 보드게임은 1부터 6까지의 두 수를 임의로 더하는 능력을 향상시킵니다. 여러분은 두 개의 주사위를 가지고 뱀 주사위 놀이와 같은 고전적인 게임에 적용해볼 수도 있습니다.

주사위를 변형해서 사용하는 것도 좋습니다. 주사위의 각 면에 종이

---

* 요즘 초등학교에서는 더해서 10이 되는 수, 더해서 50이 되는 수 등을 반복적으로 찾는 연습을 하고, 다양한 게임을 통해 아이들이 익숙해지도록 합니다. 이와 같은 연습은 자연수의 덧셈과 뺄셈을 좀 더 효율적으로 하는 데 도움이 됩니다.

를 붙이고 3개의 면에는 점 하나를, 나머지 3개의 면에는 점 2개를 그립니다. 정상적인 주사위와 개조된 주사위를 던지면서 어떤 숫자에 1 또는 2를 더하는 연습을 할 수 있습니다. 이는 아이들에게 매우 필요한 기술입니다.

점이 그려져 있는 수 도미노를 이용하는 것도 좋습니다. 아이에게 도미노 절반씩을 각각 빠르게 보여 주세요. 전체 면을 보며 점을 셀 수 있을 만큼 시간을 주어서는 안 됩니다. 그리고 아이에게 더하면 얼마인지 물어봅니다. 대답하면 도미노를 뒤집어 확인해 보세요.

수직선

아이들이 덧셈과 뺄셈을 어떻게 하는지 알아보기 위해서 조사를 했더니 놀라운 결과가 나왔습니다. 종이와 연필을 사용하는 것이 머릿속으로 생각하는 능력을 발전시킨다는 사실입니다! 이때 아이들은 종이와 연필을 사용하여 전통적인 세로 계산을 하는 것이 아니라, 자신들만의 특별한 방법을 적습니다. 머릿속에서 일어나는 과정을 재빨리 적거나 중간 단계를 기록합니다. 이렇게 하면 자신들이 무엇을 하고 있는지 알 수 있고, 머릿속으로 생각하고 있는 바를 잘 기억할 수 있습니다.

덧셈은 수 세기가 자연스럽게 발전된 것입니다. 아이들은 5개의 사탕과 4개의 사탕을 더할 때 9개의 사탕을 처음부터 다시 셀 필요가 없다는 것을 알게 됩니다. 5에서 시작해서 4개를 세면 됩니다. 학교에서는 수직선을 이용하여 이러한 계산법을 연습합니다. 그림과 같이 5에서 출발하여 4칸 진행하면 9가 됩니다.

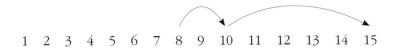

수를 더할수록 점점 더 커지기 때문에 단계적으로 나누어 더할 수도 있습니다. 예를 들어 8+7을 계산할 때, 아이들은 먼저 2만큼 가고(10을 만들기 위해서), 남아 있는 5만큼 다시 갑니다. 그래서 15를 만듭니다.

이와 같이 수를 부분으로 나누는 것을 쪼개기*라고 합니다(이런 방법으로 계산하는 어른들도 많습니다. 부모들에게 이미 익숙한 아이디어이지요. 하지만 지금까지 특정한 이름으로 부르지는 않았을 것입니다.). 점차 알게 되겠지만 쪼개기는 계산 과정 전반에 걸쳐 아주 유용합니다. 그러므로 잘 기억해 둡시다.

간단한 뺄셈도 똑같은 방법으로 할 수 있습니다. 단, 수직선의 오른쪽이 아니라 왼쪽으로 움직입니다. 12-5를 계산하기 위하여 왼쪽으로 한 칸씩 움직일 수도 있고, 아래 그림과 같이 두 단계로 이동할 수도 있습니다.

1 2 3 4 5 6 7 8 9 10 11 12 13 14 15

---

* 쪼개기는 partition의 번역으로 같은 자리 숫자끼리 계산하는 것을 뜻합니다.

수직선을 이용하여 큰 수 더하기

아이들이 1에서 10까지의 수를 더하고 빼는 여러 가지 연습을 하고 나면 계산 능력이 한층 좋아집니다. 그래서 요즘에는 빈 수직선을 이용하여 계산하는 연습을 하며, 수직선을 그릴 때 일일이 수를 적지 않고 계산에 필요한 숫자들만 직선 위에 적습니다.

아이들은 수직선을 이용하여 덧셈을 할 수 있는 방법이 아주 많다는 것을 알게 됩니다. 다음 예를 보세요.

$$55 + 37$$

방법1 : 두 수의 십의 자리와 일의 자리를 나누어 따로 더하기

아이가 머릿속으로 계산하는 것에 어느 정도 자신감을 느끼고 자릿 값에 대하여 기초적인 이해를 하고 있다면 십의 자리와 일의 자리를 따로 더하는 방법을 사용할 수 있습니다.

- 50과 30을 더해 80을 만든다.
- 5를 더해 85를 만든다.
- 7을 더해 92를 만든다.

위의 순서에 따라 수직선에 다음과 같이 나타낼 수 있습니다.

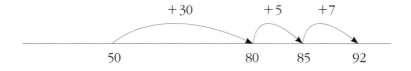

방법2 : 작은 수의 십의 자리와 일의 자리를 나누어 각각 더하기

좀 더 발전된 방식은 두 수 가운데 하나의 수를 십의 자리와 일의 자리로 나누어 계산하는 것입니다. 이 방법을 이용하면 계산 단계가 줄어듭니다.

- 55에 30을 더해 85를 만든다.
- 85에 7을 더해 92를 만든다.

수직선에는 다음과 같이 나타낼 수 있습니다.

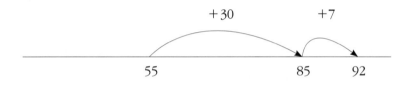

아이들은 '자연스럽게' 첫 번째 방법을 많이 선호하고 더 편안하게 여기는 것 같습니다. 그러나 두 번째 방법도 사용하도록 권장해 주세요. 뺄셈을 할 때 도움이 될 것입니다.

ii) 수직선

수직선을 사용하여 다음 계산을 하세요.

48+36

해답에 나와 있는 어린이의 답과 여러분의 답을 비교해 보세요.

덧셈 연습하기

생각하는 계산법을 개발하는 것도 중요하지만, 열심히 연습해서 자연스럽게 몸에 배도록 해야 합니다. 그렇다면 시내 서점에서 산 문제집이나 인터넷에서 다운로드 받은 문제들은 어떻게 할까요? 이런 것들도 풀어야 할까요? 물론입니다. 그러나 색다른 계산법에 대하여 아이와 이야기해 보세요. 아이들에게 똑같은 방법으로 20개의 문제를 풀도록 강요하지는 마세요. 세로 셈으로 푸는 단순한 문제들뿐이니까요. 아이들이 머릿속으로 풀 수 있다고 생각되는 문제에 동그라미를 치게 하고, 마음에 드는 문제를 골라 아이들과 나누세요. 시키는 대로 푸는 것보다 지적인 즐거움을 느낄 수 있는 문제로 새로운 장을 만드는 겁니다.

게임과 퍼즐을 이용하면 재미있게 연습할 수 있습니다. 다음의 게임처럼 말이지요.

 **마법의 숫자판**

아이들이 흥미를 느낄 마법의 숫자판이 있습니다. 연필과 종이를 준비해서 아래 숫자판을 옮겨 그리세요.

7	5	6	4
4	2	3	1
6	4	5	3
8	6	7	5

숫자판에서 숫자 하나를 골라 동그라미를 하세요. 그다음에 같은 행과 열에 있는 숫자들을 모두 지웁니다(예를 들어 볼까요. 2를 골랐다고 합시다. 그러면 아래 그림과 같이 2를 제외하고 같은 행과 열의 수를 모두 지웁니다. 실제 게임을 할 때는 여러분이 원하는 숫자를 고르세요!).

7	5	6	4
4	②	3	1
6	4	5	3
8	6	7	5

이제 다른 숫자를 하나 고르세요. 그리고 다시 같은 행과 열에 있는 다른 숫자를 모두 지웁니다. 세 번째 숫자를 골라 같은 작업을 하고, 남아 있는 마지막 숫자에 동그라미를 하세요. 이제 여러분 앞에는 여러분이 직접 고른 4개의 수만 남아 있습니다. 4개의 숫자를 더해 보세요. 합은 얼마죠? 19가 맞나요?

마법의 숫자판 만들기

합이 항상 19가 나오는 마법의 숫자판을 만들어 봅시다. 아이들은 이 숫자판을 만들면서 덧셈 연습을 많이 할 수 있습니다.

1. 가로, 세로 4칸을 이루도록 선을 그어 표를 만드세요.
2. 연필로 마법의 숫자(여기에서는 19)를 이루는 8개의 숫자를 정하여, 표의 위쪽과 왼쪽에 적습니다. 이때, 가능한 한 8개의 숫자를 다르게 적는 것이 좋습니다. 예를 들어 아래와 같이 8개의 숫자를 골랐다고 합시다(더해서 19가 되는지 확인하세요.).

	3	1	2	0
4				
1				
3				
5				

3. 이제 각각의 칸을 수로 채웁니다. 채우는 방법은 각 칸의 위쪽과 왼쪽에 적혀 있는 수를 합하면 됩니다. 그림에서 윗줄 맨 왼쪽 칸에는 3+4, 즉 7을 적습니다. 아래는 일부를 채운 결과입니다.

	3	1	2	0
4	7	5	6	4
1	4	2	3	
3				
5				

4. 숫자판 주위에 적혀 있던 처음의 숫자들을 지우세요. 마법의 숫자

판이 완성되었습니다.

정확히 각 행과 열에서 숫자를 하나씩만 골라냈기 때문에 남아 있는 4개의 숫자의 합은 항상 19가 됩니다.

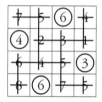

다른 수가 나오는 마법의 숫자판을 만들려면(예를 들면 43), 2단계에서 숫자판의 위쪽과 왼쪽에 적는 수를 더해서 43이 되도록 잘 조정하면 됩니다. 이 숫자판으로 생일 카드를 만들면 아주 좋습니다. 카드의 앞면에 숫자판을 그려 넣고, 고른 숫자의 합이 받는 사람의 나이가 되도록 해 보세요.

수직선을 이용한 뺄셈

수직선을 이용해서 뺄셈을 하는 것은 오른쪽이 아니라 왼쪽으로 이동하는 것만 다를 뿐 덧셈과 같습니다. 오히려 더 쉬운 경우도 있습니다.

예를 들어 볼까요. 55 − 37 = ☐ 라는 식이 있습니다.

먼저 두 수를 십의 자리와 일의 자리로 나눕니다. 음의 부호(−)를 주의하면서 좀 헷갈리더라도 머릿속으로 계산해 보려고 노력하세요. 주의를 기울이지 않으면 아래처럼 됩니다.

- 50에서 30을 빼서 20을 만든다.

- 5에서 7을 뺀다(− 2). 어떻게 계산하지? 7에서 5를 빼야 하나 봐. 그럼 2가 나오네.

- 20에 2를 더해야 하나, 빼야 하나? 뭐지? 도와주세요!!!

앞의 숫자 전체(위의 예에서는 55)에서 시작하면 좀 더 쉽습니다. 처음에는 십의 자리를 빼고 그다음으로 일의 자리를 빼세요.

- 55에서 30을 빼서 25를 만든다.
- 25 빼기 7은 18.

수직선을 이용하면 깔끔하게 나타낼 수 있습니다.

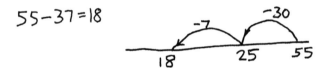

덧셈과 뺄셈을 혼합하여 계산하기

머리셈은 아이들이 마음속으로 큰 수에서 작은 숫자를 더하거나 빼서 풀 수 있는 능력을 키웁니다. 아래에 소개하는 두 방법 모두 효과적이며 덧셈과 뺄셈 양쪽에 유용합니다.

첫 번째 방법은 '10 먼저 만들기'입니다. 예를 들어 137에 6을 더한다고 합시다. 그럼 6을 3과 3으로 나누어 더합니다. 137에 먼저 3을 더해서 140을 만든 후에 다시 3을 더합니다. 아래 그림은 어떤 아이가 수직선을 이용하여 계산한 것입니다.

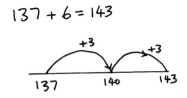

뺄셈도 비슷합니다.

$142 - 8 =$

'$142 - 2 = 140$'을 먼저 만든 뒤 '$140 - 6 = 134$'

두 번째 방법은 '보수 이용하기(compensation method)'입니다. 더하거나 뺄 때, 필요한 수보다 더 또는 덜 계산하고 나중에 보정하는 방법입니다. 예를 들면 9를 더할 때 10을 더하고 나중에 1을 빼는 방법입니다.

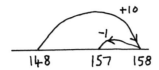

이 방법은 뺄셈에도 적용됩니다. $267-48$을 봅시다. 먼저 $267-50=217$을 만듭니다. 그럼 2만큼 더 많이 뺐기 때문에(50이 아니라 48을 빼야 하거든요.) 다시 2를 더해 줍니다. 따라서 답은 219입니다.

아이들이 수직선을 이용한 이와 같은 방법에 익숙해지면, 특별한 형태의 수를 계산할 때 새로운 방법을 만들어 내기도 합니다. 예를 들어 $55+39$를 봅시다.

먼저 30을 더하고 다음에 9를 더할 수도 있지만, 수직선을 이용한다면 40을 더하고 1을 빼는 것이 더 편합니다.

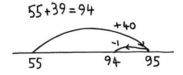

뺄셈에 대한 이해 : 덜어 내기 아니면 차 구하기?

아이들은 덧셈과 뺄셈을 계산하는 방법만 배우는 것이 아니라 각각의 연산을 언제 사용해야 하는지도 배웁니다. 일반적으로 아이들은 더해야 할 때는 어렵지 않게 찾아내는데, 뺄셈의 경우는 어려워합니다.

많은 사람들은 37 − 19와 같은 계산을 '삼십칠 빼기 십구'라고 읽습니다. 처음에 뺄셈을 배울 때, 빼기(덜어 내기, 제거하기)의 의미로 배우기 때문입니다. 37개의 말판을 세고 19개를 제거하세요. 몇 개나 남아 있나요?

그러나 덜어 내기가 아닌 다른 상황에서도 뺄셈을 사용할 수 있습니다.

나는 스티커가 37개 있고, 내 친구는 19개 있습니다.
내가 얼마나 더 많이 가지고 있나요?

이 문제는 37 − 19를 계산해서 해결할 수 있습니다. 그러나 없어진 것은 아무것도 없습니다. 나는 여전히 37개의 스티커를 가지고 있고, 내 친구 또한 19개의 스티커를 가지고 있습니다.

다음의 예도 비슷합니다. 나의 키는 135센티미터입니다. 167센티미터까지 크고 싶다고 한다면 얼마나 더 커야 할까요?

이 문제는 $135 + \square = 167$이라고 쓸 수 있습니다. 아이들은 135에서 167까지 수를 세어서 문제를 해결할 것입니다. 그러나 이것을 바꿔서 "167 − 135는 뭐지?"라고 말할 수도 있습니다.

수직선은 아이들이 뺄셈 계산을 할 때 머릿속으로 생각할 수 있는 강력한 도구이며, 뺄셈의 또 다른 의미를 알아낼 수 있는 훌륭한 수단입니다. 아래에 제시한 세 가지 계산을 보세요. 다음에 제시한 글을 읽기 전에 어떻게 답을 구할까 생각해보고 답을 구해 봅시다.

130 − 17

$$130-118$$
$$130-49$$

대부분의 사람들은 '빼기(덜어 내기)'로 계산을 합니다. 130에서 17을 없애는 거죠. 아마도 10을 덜어서 120을 만든 후에 다시 7을 덜어서 113을 만들 것입니다. 반면에, 130에서 118을 '덜어 내는 것'은 좀 어렵습니다. 그래서 "음, 118에 12를 더하면 130이 되는군."이라고 중얼거리며 문제를 해결합니다. 다시 말하면 '덜어 내기'로 계산하는 것이 아니라 118에 더하기로 계산할 수 있는데, 이때 여러분은 두 수의 차를 구하면 됩니다. 130−49를 계산하기 위해서는, 좀 색다른 '보수 이용하기' 전략이 필요합니다. 49는 50에 가깝기 때문에 130에서 50을 빼서 80을 만들고 1을 다시 더합니다(49를 빼야 하는데 50을 뺐습니다. 그러니까 1을 더 뺀 셈이죠.). 이런 방법들은 수직선으로 설명할 수 있습니다.

130 −17 = 113

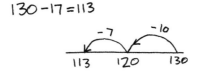

130 − 118 = 12

130 − 49 = 81

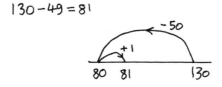

오늘날 많은 교사들이 아이들에게 수직선을 이용하는 풀이법을 강조하는 이유는 무엇일까요? 머릿속으로 여러 가지 수직선을 그리며 계산을 하던 아이들이 어떤 숫자도 적지 않고 척척 덧셈과 뺄셈을 해결해 낼수 있다는, 아주 믿을 만한 심리학 연구 조사 결과가 있었기 때문입니다.

보너스 팁

아이와 함께 여러 가지 다른 방법으로 읽을 수 있는 뺄셈 문제에 도전해 보세요. 10 − 7은 다음과 같이 읽을 수 있습니다.

10에서 7을 없애기, 10 마이너스 7, 10 빼기 7, 10과 7의 차는 무엇인가?

10은 7보다 얼마나 큰가? 7은 10보다 얼마나 작은가?

스스로 평가

iv) 얼마일까?

뺄셈은 여러 가지 다양한 모습으로 숨어 있습니다. 다음 실생활 문제를 보세요. 뺄셈과 덧셈이 포함된 두 문제를 각각 다른 방법으로 풀 수 있습니다.

창호는 13,750원짜리 반지와 32,400원짜리 목걸이를 샀습니다.

a. 창호가 50,000원을 냈다면 잔돈은 얼마일까요?

b. 목걸이는 반지보다 얼마나 더 비싼가요?

종이 위에 아주 큰 정사각형을 그리세요. 아이에게 자기가 좋아하는 숫자를 4개 생각하게 하고 그 수를 네 개의 모퉁이에 적게 합니다. 정사각형의 각 변의 중점을 표시하고 그 점과 이웃하는 꼭짓점에 적힌 두 수의 차를 계산하여 중점에 적게 하십시오(아래 그림을 보면, 정사각형의 윗변 양 끝에 적힌 숫자의 차는 8이고, 왼쪽 변 양 끝에 적힌 숫자의 차는 11입니다. 이런 식으로 나머지를 완성합니다.).

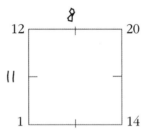

이제 4개의 중점을 이으세요. 그러면 처음 정사각형 안에 기울어진 작은 정사각형이 만들어집니다. 다시 그 정사각형의 각 변의 중점을 표시하고, 기울어진 정사각형의 각 꼭짓점에 적힌 숫자들의 차를 계산해서 중점 위에 적습니다(그림에서 8과 11의 차는 3입니다.). 다시 이들 중점을 이어 작은 정사각형을 만드세요. 그리고 다시 중점을 표시하고, 꼭짓점 두 수의 차를 적고……같은 작업을 계속 합니다.

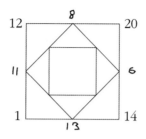

드디어 중점에 적힌 숫자들이 같아지고, 여러분이 그린 마지막 정사각형은 각 중점에 0이 놓이게 될 것입니다(여러분이 어딘가에서 실수를 하거나 차를 잘못 계산했더라도 결국에는 4개의 0이 나옵니다.).

이제 게임에 대하여 분석해 봅시다. 20보다 작은 수를 4개 골라 각 중점에 0이 놓이는 정사각형이 나오기까지 가장 많은 정사각형이 그려지도록 하려면, 어떤 수를 골라야 할까요? 더 큰 수를 사용하면 어떨까요? 음수라면? 분수라면? 정사각형이 아니라 정삼각형이었다면 어떨까요? 정육각형이라면? 아이들은 이 게임을 하면서 뺄셈을 연습할 수 있습니다.

가우스의 계산법

가우스가 사용한 방법은 무엇일까요? $1+2+3+4+5+\cdots\cdots+100$ 계산하기 기억나시죠?

가우스는 수를 순서대로 더하지 않고, 한 번은 1부터 100까지 더하고 그 밑에 반대 순서로 더하는 식을 적었습니다.

순서대로 $1+2+3+4+5+6+\cdots+100$

반대로 $100+99+98+97+96+95+\cdots+1$

이제 각 수를 위아래로 더합니다. 그러면 다음을 얻습니다.

$$101+101+101+101+101+101+\cdots+101$$

정확히 $101\times100=10100$이 됩니다. 원래 문제의 정답은 이 값의 절반이므로 답은 5050입니다.

이 증명을 보면, 일반적인 방법으로 접근하기 전에 먼저 주어진 식에 대해서 곰곰이 생각해 볼 필요가 있음을 알게 해 줍니다. 아이들이 잠자리에 들기 전에 이 이야기를 해 주면 어떨까요?

3

덧셈과 뺄셈 :
종이와 연필을 이용하는 방법

—

문제 1,200원이 있었는데 친구가 700원을 가져갔다.
그럼 어떻게 될까?

답 싸움이 일어난다.

앞단원에서 우리는 아이들이 덧셈과 뺄셈을 계산할 때 머리셈을 발전시키려면 어떻게 해야 하는가에 대해서 살펴보았습니다. 그러면서 머리셈에 들어맞지 않는 계산도 있을 수 있다고 언급했습니다.

교육계에서는 '종이와 연필' 대 '계산기' 중에서 무엇이 최상인가에 대하여 의견이 분분합니다. 어떤 이는 과거의 '기술'이 종이와 연필이었다면, 현재의 기술은 계산기라고 강하게 주장합니다. 또 다른 이는 '계산기 배터리가 나간다면' 또는 '계산기를 가지고 있지 않다면'이라는 가정 아래 여전히 종이와 연필을 주요한 도구로 주장하기도 합니다. 사실 종이와 연필이 더 우수하다는 주장을 하기에는 어려움이 있습니다. 어떤 조사에서는 계산기를 적절히 사용하면 이해 면에서 전혀 해가 되지 않는다는 발표가 있었습니다. 그러나 교육의 수레바퀴는 천천히 굴러가고, 종이와 연필을 이용한 풀이법은 오랫동안 머물 것으로 여겨집니다.

종이와 연필로 덧셈과 뺄셈을 할 때
아이들이 겪는 어려움

1. 답에 대한 의미를 생각하지 않고 단순히 숫자 대 숫자로 수를 더하고 뺀다.
2. '7에서 9를 뺄 수 없다.'는 잘못된 생각으로 67 – 29의 답을 42라고 계산한다.
3. 머리셈으로 하면 훨씬 더 빠른데 종이와 연필을 사용한다.

세로 덧셈 – 부모들의 계산법

세로 덧셈법을 떠올려 봅시다. 우리는 146 더하기 879를 다음과 같이 계산했습니다.

$$
\begin{array}{r}
\scriptstyle 1\ 1 \\
1\ 4\ 6 \\
+\ 8\ 7\ 9 \\
\hline
1\ 0\ 2\ 5
\end{array}
$$

우리는 기계적으로 이 방법을 배웠으며, 항상 당연했습니다. 하지만 아이들에게는 당연하지 않습니다. 예를 들면 위 계산에서 어른들은 이렇게 말합니다. "6 더하기 9는 15야. 그럼, 5를 아래에 쓰고 1을 올려. 이제 4와 7과 1을 더해. 그럼 12가 되지. 2를 아래에 쓰고 1을 다시 올려." 그러나 '4 더하기 7 더하기 1은 12'라는 것은 정확히 말하면 40, 70, 10, 120을 의미합니다. 그리고 가장 왼쪽 자리에 있는 '1 더하기 8 더하기 1'

은 '100 더하기 800 더하기 100'을 의미합니다. 굳이 자릿수까지 말하지 않더라도 어른들은 이런 표현을 이해합니다. 하지만 아이들은 이해하지 못합니다.

세로 뺄셈 – 부모들의 계산법

세로 덧셈이 아이들을 혼란스럽게 만들었다면, 세로 뺄셈(부모 세대가 배운)은 완전히 지뢰밭입니다.

아래에 여러분이 배운 뺄셈 계산이 있습니다. 784 – 356을 계산해야 합니다.

$$
\begin{array}{r}
{\scriptstyle 7\ 10} \\
7\,\cancel{8}\,4 \\
-\ 3\,5\,6 \\
\hline
4\,2\,8
\end{array}
$$

오른쪽부터 계산합니다. "4에서 6을 뺄 수 없으니까, 8(정확히 말하면 80)에서 10을 가지고 와서 4에 더해. 그럼 14가 되지. 이제 14에서 6을 빼면 8이야. 7에서 5를 빼면 2⋯⋯." 반복적으로 이루어지는 위 계산법에서는 8에서 10을 '빌려 오는' 것을 배웠습니다. 그러나 실제로 빌려 오는 것은 아무것도 없으며, 단지 784를 770 + 14로 분리한 것뿐입니다.

세로 계산법에서 생기는 혼란

시간이 지나면 수학을 쓰면서 공부합니다. 이제 막 종이에 쓰기 시작한 아이들은 기호를 순서대로 적어야 할 필요성을 느끼지 못합니다. 그래서 3＋4나 4＋3 심지어는 3 4＋와 ＋3 4를 모두 같은 것으로 생각합니다(모두 3 더하기 4로 여깁니다.). 아이들은 7－3과 3－7도 별반 다르지 않다고 여깁니다. 모두 7에서 3을 빼는 것으로 생각합니다. (실제로 7 빼기 3이라고 말한다면, 3－7은 잘못된 식이며 다시 적어야 합니다.) 그때 한 선생님('고지식' 선생님이라고 합시다.)이 나타나서 말합니다. "너는 작은 수에서 큰 수를 뺄 수 없단다. 그러니까 3－7이라고 쓰면 안 돼. 7－3이라고 써야지." 하지만 엄밀히 말하면 선생님은 틀렸습니다. 작은 수에서 큰 수를 뺄 수 있습니다. 수학자들은 음의 정수를 만들어 냈고 3－7과 같은 문제에 답을 말할 수 있습니다. 단지 아이들은 아직 그것을 할 수 없을 뿐이죠.

나중에 또 다른 선생님('적당한' 선생님)이 와서 다음과 같이 세로 줄을 맞추어 어떻게 빼는지 아이들에게 보여 줍니다.

$$
\begin{array}{r}
4\,6\,8 \\
-\,2\,4\,5 \\
\hline
2\,2\,3
\end{array}
$$

"일의 단위부터 시작하세요." 적당한 선생님이 설명합니다. "8 빼기 5는 3. 6 빼기 4는 2. 4 빼기 2는 2."(실제로는 60에서 40을 빼는 것이고, 400에서 200을 빼는 것입니다.)

그러다가 아이들은 다음과 같은 식을 만납니다.

$$
\begin{array}{r}
4\ 5\ 2 \\
-\ 2\ 8\ 9 \\
\end{array}
$$

그리고 고지식 선생님과 적당한 선생님의 목소리가 합쳐지기 시작합니다.

적당한 : 일의 단위부터 시작하세요.

아이 : 2 빼기 9.

고지식 : 너는 작은 수에서 큰 수를 뺄 수 없어.

아이 : 2 빼기 9를 할 수 없다면, 9 빼기 2를 해야지, 뭐. 7요.

이제 아이들은 위에서 들은 충고에 따라 다음과 같이 계산합니다.

$$
\begin{array}{r}
4\ 5\ 2 \\
-\ 2\ 8\ 9 \\
\hline
2\ 3\ 7 \\
\end{array}
$$

이러한 규칙은 아이들에게 혼란을 줍니다. 자신들이 무엇을 하고 있는지 정말로 이해할 때까지, 왜 이런 방법으로 계산하는지 절대로 말해 주지 않기 때문입니다. 다음 페이지에 나오는 사례를 읽어 보십시오. 어떤 아이들은 '옛날' 방법으로 풀어서 틀린 답을 얻고, 또 다른 아이들은 자신들의 방법으로 풀어서 올바른 답을 얻어 냈습니다.

아이들의 머릿속 : 어떻게 틀린 답을 얻었을까요?

아래의 식은 실제 아이들의 답안지입니다. 두 아이 모두 틀렸군요. 하지만 아이들 나름대로 틀린 이유가 있습니다. 아래의 식을 푼 아이들은 어떤 생각을 했을까요?

A.
$$\begin{array}{r} 543 \\ -287 \\ \hline 344 \end{array}$$

B.
$$\begin{array}{r} 201 \\ -\ 97 \\ \hline 14 \end{array}$$

A. 이 아이는 아마도 이렇게 중얼거렸을 겁니다. "3 빼기 7은 불가능해. 그럼 7 빼기 3을 하지, 뭐. 답은 4야." 나머지도 같은 방법으로 계산합니다.

B. 이 아이의 경우는 좀 알아내기 어렵습니다. 아이는 맨 오른쪽 일의 자리에 있는 1에서 7을 빼기 위해서 10을 '빌려' 와야겠다고 생각했습니다. 그러나 201의 십의 자리가 0이기 때문에 한 칸 더 왼쪽으로 자리를 옮겨 백의 자리에서 1을 빌려와 일의 자리에 주었습니다(아니면, 두 자리 수의 뺄셈을 아주 많이 연습하면서, 항상 왼쪽 끝에 있는 수에서 '빌려' 와야 한다고 생각했을 수도 있습니다.).

이런 실수를 하는 아이들은 수에 대한 감각이 잘 발달되지 못한 아이들입니다. 이 아이들은 줄을 긋고 '빌려 오는' 옛날 방법으로 도대체 무엇을 하는지 거의 이해하지 못합니다. 앞 단원에서 살펴본 수직선과 쪼개기는 이 아이들에게 새로운 방법에 눈을 뜨게 해 줄 수 있습니다.

(우리가 들은 재미있는 이야기 하나를 소개하겠습니다. 한 아이가 543 − 287을 계산하고 있었습니다. 그 아이는 3에서 7을 빼려면 뭔가 빌려 와야 한다고 생각했습니다. 그런데 그 아이는 바로 왼쪽 자리에 있는 수에서 빌려 온 것이 아니라, 그 페이지의 위쪽에 적혀 있던 날짜에서 4를 빌렸습니다! 그래서 어쨌거나 정답을 얻어 냈고, 답안지를 살펴보던 선생님은 오늘의 날짜가 희한하게 4만큼 줄어든 것을 발견했습니다.)

쪼개기를 이용한 덧셈

초등학교 2학년이 되면 아이들은 종이와 연필을 사용하여 본격적으로 '세로' 계산법을 배우기 시작합니다. 그러면서 동시에 여러 가지 다양한 방법으로 문제를 푸는 방법을 만나게 됩니다. 아래와 같은 방법으로 덧셈을 할 수도 있습니다.

기존 방식	새로운 시도		
452	400	50	2
+289	+200	80	9
	$600 + 130 + 11 = 741$		

쪼개기를 이용한 뺄셈

뺄셈도 비슷한 방법으로 정리할 수 있습니다. 단, 각각의 세로줄을 계산 가능하도록 다시 정리해야 합니다.

$$
\begin{array}{r}
452 \\
-\,289 \\
\hline
\end{array}
\qquad
\begin{array}{rrr}
400 & 50 & 2 \\
-\,200 & 80 & 9 \\
\hline
\end{array}
$$

이 단계에서 계산하려면, 2에서 9를 빼고 50에서 80을 빼야 하는 어려움에 처하게 됩니다. 그래서 윗줄에 있는 숫자들을 수정해야 합니다 (다르게 말하면 각각의 수를 잘 나눠야 합니다.). 그러면 다음과 같이 뺄셈이 가능합니다.

$$
\begin{array}{rrr}
300 & 140 & 12 \ \text{(여전히 452)} \\
-\,200 & 80 & 9 \\
\hline
100 & 60 & 3 \ = 163
\end{array}
$$

ii) 쪼개기를 이용한 뺄셈

a. 쪼개기를 이용하여 847−623을 계산하세요.

b. 721−184를 계산하세요(700−100, 20−80, 1−4로 계산하지 마세요. 음수가 나오지 않도록 방법을 고안하여 계산하세요.).

아이들의 머릿속 : 어떻게 정답을 얻었을까요?

아이들은 이전 세대보다 훨씬 더 다양하게 변형하여 뺄셈을 계산합니다. 아이들이 스스로 하는 방법이 강화되었다는 것은 좋은 소식이지만, 아이들이 무엇을 하고 있는지 알아내야 하는 부모들에게는 우울한 소식입니다. 아래에 제시된 뺄셈 56−38에 도전하기 전에, 종이와 연필을 사용하여 한번 계산해 보세요.

아래는 같은 문제를 세 명의 아이가 푼 결과입니다. 아이들 모두 정답을 얻었습니다. 그러나 풀이는 모두 다르군요. 여러분은 각각의 아이들이 어떤 방법으로 풀었는지 알 수 있습니까?

A.
$$\begin{array}{r} 56 \\ -38 \\ \hline 26 \\ 20 \\ \hline 18 \end{array}$$

B.
$$\begin{array}{r} 56 \\ -38 \\ \hline -2 \\ 20 \\ \hline 18 \end{array}$$

C.
$$\begin{array}{r} 56 \\ -38 \\ \hline 2 \\ 16 \\ \hline 18 \end{array}$$

A. 아이는 다음과 같이 생각합니다. '56에서 38을 빼라. 먼저 56에서 30을 뺀다. 그럼 26. 아직 8이 남았지. 먼저 26에서 6을 뺀다. 그럼 20. 20에서 두 개를 더 빼야 하니까 답은 18.' 아이가 계산 과정 하나를 쓰지 않았기 때문에, 아이의 풀이 과정을 따라가기가 좀 어렵습니다. 만약 이것이 답을 구하는 과정에서 끄적거린 흔적에 불과하다면 크게 상관이 없지만, 누군가가 아이의 풀이를 체크해야 하는 상황이라면 계산 과정을 다음과 같이 좀 더 보충해야 합니다.

$$56 - 30 = 26$$
$$26 - 6 = 20$$
$$20 - 2 = 18$$

B. 아이는 6에서 8을 빼서 −2를 얻었습니다. 그리고 50에서 30을 빼서 20을 얻었습니다. 그럼 20 더하기 −2는 18. (우아! 대단하군요.)

C. 이 아이는 뺄셈보다는 덧셈을 계산했군요. 38을 56으로 만들려면 얼마가 필요한가 궁리했습니다. '38에 2를 더하면 40, 40에 16을 더하면 56, 2 더하기 16은 18.'

위에서 아이들이 계산한 방법을 보고 좀 혼란스러운가요? 그렇더라도 놀라지 마십시오. 그것을 생각해 낸 아이들에게는 위 방법이야말로 감각적이고 합리적인 방법입니다. 그리고 잊지 마십시오. 아이들은 모두 정답을 구했다는 사실을!

위 문제 풀이에 사용된 계산법은 '수에 대한 감각'을 개발해 온 아이들이 직접 만들어 낸 방법입니다. 이 아이들은 어떻게 뺄셈을 해야 하는가에 대한 '느낌'을 갖고 있고, 숫자로 '놀이'를 즐기며, 무엇보다도 다른 사람이 만들어 낸 공식을 단순히 따라하지 않습니다.

답이 맞을까요?

덧셈이나 뺄셈, 또는 혼합 계산을 하면서 아이들이 배워야 할 마지막 단계가 있습니다. 바로 답이 의미가 있는가를 확인하는 일입니다. 이 기술을 익히려면 시간이 좀 걸립니다. 대부분의 아이들은 계산이 끝나면 그것으로 끝났다고 생각하고 다음 과제로 허겁지겁 넘어가기 때문입니다.

계산을 확인한다는 것은 계산 과정 전체를 다시 본다는 의미는 아닙니다. 정확하게 무엇이 실수인지 콕 집어내지 못할지라도, 실수가 틀림없다고 여겨지는 것을 잡아내는 것도 좋습니다. 예를 들면, 27+42는 절대로 843이 될 수는 없습니다. 왜냐하면 두 수 모두 100보다 훨씬 작기 때문입니다. 어떤 실수가 있었는지 알 수 없지만, 실수가 있었다는 사실만큼은 확신할 수 있습니다! 아이들이 평소에 '이 답이 의미 있어 보이는가?'라고 질문하는 습관을 갖도록 해서 명백한 오류를 잡아내도록 해야 합니다.

ⅲ) 이 답은 왜 틀릴까요?

다음 식을 다 계산하지 말고, 답이 틀린 이유를 알아내세요. 어떻게 알 수 있

을까요?

a. 3865＋2897＝6761

b. 4705＋3797＝9502

c. 3798－2897＝1091

4
간단한 곱셈과
곱셈표

—

문제 아래 숫자들 중에 5의 배수가 하나 있다.
그것에 동그라미를 하시오.

17   8   52   35   22

자세히 보면 시험을 치르는 아이가 '그것'이라는 단어에
(다이아몬드가 있는) 반지 모양을 그린 것을 볼 수 있습니다.

덧셈에서 좀 더 진행하면 곱셈입니다. 아이들이나 부모들에게 곱셈 역시 어렵습니다. 아이들은 점점 늘어나는 추상적인 내용을 이해하느라 애를 먹고, 부모들은 처음 보는 문제 풀이 방법과 새로운 용어들 때문에 힘들어합니다.

곱셈에 대해서는 곱셈구구와 큰 수를 곱하는 방법, 두 가지를 알아볼 예정입니다. 이 단원에서는 곱셈구구에 관해서 살펴보겠습니다.

기초적인 곱셈과 곱셈구구를 배울 때
아이들이 겪는 어려움

1. 7×8의 답을 모른다.
2. 곱셈과 관련된 문제인지 알아채지 못한다. 왜냐하면 드러내 놓고 "8 곱하기 4는 얼마지?" 하고 묻지 않기 때문이다.
3. 4×9=36이라는 사실을 알고 있더라도 9×4, 36÷4, 36÷9의 답을 알지 못한다.
4. 곱셈구구가 생각나지 않을 때 답을 알아낼 수 있는 어떠한 대비책

도 갖고 있지 않다.

5. 4×6＝24임을 바로 기억하는 것이 아니라 4, 8, 12, 16, 20, 24와 같이 항상 센다.

곱셈의 시작과 곱셈구구 배우기

아이들이 어릴 때 덧셈을 빨리 하기 위한 수단으로 곱셈을 시작합니다. 예를 들면, 7 더하기 7 더하기 7 더하기 7을 하는 것보다는 7×4가 28임을 기억하는 것이 훨씬 편합니다. 수학에서 이런 기본적인 계산은 아주 중요하기 때문에 외우는 것이 좋습니다.

아래의 표는 1×1에서 9×9까지의 곱셈 계산을 보여 주고 있습니다. 아이들은 이 표를 빨리 기억해 내야 합니다.

1	2	3	4	5	6	7	8	9
2	4	6	8	10	12	14	16	18
3	6	9	12	15	18	21	24	27
4	8	12	16	20	24	28	32	36
5	10	15	20	25	30	35	40	45
6	12	18	24	30	36	42	48	54
7	14	21	28	35	42	49	56	63
8	16	24	32	40	48	56	64	72
9	18	27	36	45	54	63	72	81

그렇습니다. 많이 배우세요. 앞으로 계산에 이용될 기초적인 지식을 풍부히 가지게 될 것입니다. 하지만 이것뿐이라면 얼마나 좋을까요! 아

이들은 부모들이 했던 방법과 다르게 곱셈구구를 외우기 때문에 이 또한 부모들에게는 새로운 난관입니다.

곱셈에서 사용하는 용어

아이들과 함께 곱셈의 세계로 뛰어들기 전에 한 걸음 물러서서, 간단한 곱셈도 놀랄 만큼 다양한 방법으로 표현될 수 있음을 생각해 봅니다. 예를 들어 3×4를 봅시다. 이 식은 다음과 같이 읽을 수 있습니다.

- 3이 4개
- 3의 4배
- 3 곱하기 4
- 3과 4의 곱
- 3개씩 4묶음

아이들은 이것이 모두 같은 것이며, 모두 곱셈을 의미한다는 것을 천천히 깨닫게 됩니다. 하지만 처음에는 알아차리지 못합니다. 그래서 아이들에게 곱셈에 대하여 이야기할 때, 같은 말을 반복하지 말고 다른 용어를 사용하는 것이 좋습니다. 예를 들어 볼까요. "3이 4개면 얼마지? 3의 4배는 무엇일까?"

(노파심에 한마디! 숫자 대신 문자를 사용하는 대수학에서는 곱셈을 나타내는 방법이 아주 많습니다. 문자 'x'가 곱셈 기호처럼 보이기 때문에, 점으로 곱셈 기호를 대신하거나 아니면 아예 표시하지 않습니다! 예를 들면, '4(b - 3)'

과 같은 식은 '4 곱하기 (b-3)'을 의미합니다. 하지만 중학교에 들어가기 전까지는 이러한 표현에 대하여 잘 알지 못하기 때문에, 미리 소개해서 아이들을 혼란스럽게 하지 마세요.)

중얼거리며 곱셈구구 배우기

대부분의 어른들은 중얼중얼 노래하듯이 곱셈구구를 배웠습니다. "이이는 사, 이삼은 육, 이사 팔……" 일반적으로 곱셈구구는 순서대로 배웁니다. 처음에는 2단을 배우고, 그다음에 3단을 배웁니다. 그리고 마지막에 9단까지 갑니다. 방법에 상관없이 중얼중얼하며 외웁니다. 아마도 '사팔 삼십이'라는 노랫소리가 아직도 여러분의 마음속에서 메아리 치고 있을 것입니다. 아이들도 소리로 배우는 데 익숙합니다. 중얼거리는 방법의 또 다른 장점은 반복입니다. 뭔가를 자꾸 되풀이하면 결국엔 익숙해집니다. 만약 아이들이 곱셈구구 외우기를 흥미 있어 한다면 격려해 주세요. 그러나 모든 아이들이 중얼거리며 외우는 것을 좋아하지는 않습니다.

7×8은 정말 기억나지 않는 계산입니다. 곱셈구구를 물어서 다른 사람을 곤란하게 하고 싶다면 7×8을 강력 추천합니다. 대부분의 사람들은 잘 기억하지 못합니다. 54인가? 아니 58이었던가? 칠팔은 56입니다.

곱셈구구 배우는 순서

순서대로(처음은 2단, 그다음에 3단, 그리고 4단······.) 곱셈구구를 배우는 것은 그다지 효과적인 방법이 아닙니다. 곱셈구구를 배우는 가장 자연스런 순서는 계산하기 쉬운 단부터 시작해서 가장 어려운 단으로 끝맺는 것입니다. 아래에 제시한 순서대로 하면 좀 더 효과적입니다.

- 5단. 왜냐하면 손가락과 발가락 때문에.
- 2단. 짝을 이루는 것, 짝수와 배라는 아이디어는 어린 아이들에게 아주 친근하다.
- 4단(2의 배)과 8단(4의 배).
- 9단(기가 막힌 방법이 있다. 뒤에 나올 내용 참조.).
- 3단과 6단.
- 7단.

이 단원을 차례로 읽으면 도움이 되는 정보를 찾을 수 있을 것입니다.

왜 3×7과 7×3은 같을까요?

곱셈구구를 배우는 아이들에게 도움이 될 만한 중요한 아이디어가 있습니다. 그것은 바로 곱하는 수의 순서는 상관없다는 것입니다. 3×7과 7×3은 같습니다. 수학자들은 이 중요한 아이디어에 교환 법칙(commutative law. 영어의 'commuter'와 같은 어원을 가지고 있는데, commuter는 '앞뒤로'라는 의미를 포함하고 있습니다.)이라는 특별한 이름을 붙였습니다.

곱셈에 대한 교환 법칙이 성립한다는 이 중요한 아이디어는 어른들에게는 아주 당연합니다(뒤에 나올 부가가치세 문제를 참고하세요.). 하지만 아이들에게는 아닙니다. 아이들이 곱셈을 접하기 시작할 때 이러한 사실들이 명확히 드러나지 않기 때문에, 이 아이디어를 당연하게 여기기까지는 시간이 걸립니다. 만약 은우가 각각 7개의 사탕이 들어 있는 상자 3개를 가지고 있고, 동진이는 각각 3개의 사탕이 들어 있는 상자 7개를 가지고 있다고 합시다. 이때 은우와 동진이가 같은 수의 사탕을 가지고 있다는 사실을 바로 알아차리기가 쉽지 않습니다(이때 둘 중 하나를 고르라고 하면, 어린아이들은 7개의 상자를 고릅니다. 상자가 많으면 더 많이 들어 있을 것이라고 기대를 합니다.).

3×7과 7×3이 왜 같은지 아이들에게 설명할 수 있는 가장 좋은 방법은 배열을 사용하는 것입니다.* 숫자나 점 따위의 도형을 직사각형 모양으로 놓은 것을 '배열'이라고 합니다. 다음의 그림은 세로로 3개, 가로로 7개가 놓인 배열의 예를 보여 줍니다.

---

* 우리나라 초등학교 교과서에는 모눈종이를 이용하기도 합니다.

배열은 아주 중요한 아이디어입니다. 아이들에게 곱셈과 분수의 원리를 설명할 때 단순하고 시각적인 정보를 주기 때문입니다. 3×7 배열에는 점이 모두 몇 개가 있나요? 7개씩 3줄이 놓여 있으면 21입니다. 다시 말하지만 배열은 곱셈의 결과를 보여줄 수 있는 가장 확실한 수단입니다.

아래에 그린 두 개의 배열은 무엇을 나타낼까요?

첫 번째 배열은 3×7을, 두 번째 배열은 7×3을 나타냅니다. 가로줄의 개수를 먼저 읽고 그다음으로 세로줄의 개수를 읽는 것이 관례입니다. 첫 번째 배열을 1/4 바퀴 돌리면 두 번째 배열과 같아지기 때문에, 모든 점을 셀 필요도 없이 두 배열의 점의 수는 같다는 것을 알 수 있습니다. 즉, 3×7=7×3입니다.

또한 여러분이 어떠한 배열을 그리더라도(어떠한 곱셈을 하더라도), 방향에 상관없이 답은 항상 같습니다. 247×196은 196×247과 같습니다. 여러분은 단지 이것을 확인하기 위하여 배열을 생각하기만 하면 됩니다.

보너스 팁

거리와 집 주변에서 배열을 찾아보고, 아이들과 함께 이야기해 보세요. 비스킷이 담긴 플라스틱 상자를 보세요. 예를 들어 3×4라고 한다면, 그것을 1/4 바퀴 돌리면 어떻게 될까요? 4×3이 됩니다. 저 건물 벽에 달린 창문을 보세요. 왜 5×4일까요? 4×5가 될 수는 없나요? 실제로 여러분이 배열을 찾으려고 노력한다면, 어느 곳에서나 발견할 수 있습니다.

곱셈구구 반으로 나누기

3×7과 7×3이 같다는 사실을 받아들인다면, 여러분이 기억해야 할 곱셈구구의 수는 현저히 줄어듭니다. 만약 여러분이 3×7의 결과를 기억하고 있다면 7×3의 답을 아는 것은 식은 죽 먹기입니다. 바로 이것이 수학의 '1+1세일'이라고 할 수 있습니다. 이렇게 뒤집는 아이디어는 곱셈구구를 81개에서 45개로 줄이는 효과가 있습니다(정확하게 절반이 되지 않는 이유는 3×3, 7×7과 같이 짝이 없는 제곱수 때문입니다.).

다음 곱셈표를 보세요. 표에 적힌 81개의 수를 다르게 바라보면, 공간을 줄일 수 있습니다.

1	2	3	4	5	6	7	8	9
2	4	6	8	10	12	14	16	18
3	6	9	12	15	18	21	24	27
4	8	12	16	20	24	28	32	36
5	10	15	20	25	30	35	⑩ 40	45
6	12	18	24	30	36	42	48	54
7	14	21	28	35	42	49	56	63
8	16	24	32	⑩ 40	48	56	64	72
9	18	27	36	45	54	63	72	81

점선으로 그은 대각선 위쪽에 있는 각각의 수들(예를 들면, 5×8=40) 은 대각선 아래에도 나타납니다(8×5=40). 여기서 점선은 대칭축이 됩 니다(점선에 놓여 있는 수를 잘 살펴보세요.).

1	2	3	4	5	6	7	8	9
	4	6	8	10	12	14	16	18
		9	12	15	18	21	24	27
			16	20	24	28	32	36
				25	30	35	40	45
					36	42	48	54
						49	56	63
							64	72
								81

아이들은 곱셈구구를 배울 때, 차례대로 외우는 방법을 사용합니다. 4×8을 찾을 때, 보통 4, 8, 12, 16, 20, 24, 28, 32 이렇게 셉니다. 만약 4×8과 8×4가 같다는 것을 알고 있으면, 8, 16, 24, 32가 더 빠릅니다.

제곱수에 대하여

1×1, 2×2, 3×3과 같이 자기 자신끼리 곱한 수를 제곱수라고 합니다. 앞쪽에 있는 곱셈표에서 대각선에 놓인 수를 보세요. 바로 그 수들이 제곱수입니다. 제곱수는 수학을 배우면서 계속 등장하기 때문에 곱셈표에서 따로 떼어서 외울 만한 가치가 있습니다.

제곱수는 재미있는 패턴을 가지고 있습니다. 아이들과 함께 찾아보세요. 아래와 같이 제곱수를 적어 봅시다.

1, 4, 9, 16, 25, 36, 49, 64, 81, 100, …….

수가 진행될 때마다 얼마씩 증가하나 살펴보세요.

제곱수 : 0　1　4　9　16　25　36　49…….
차　　　　1　3　5　7　9　11　13…….

위와 같은 제곱수와 홀수 사이의 재미난 관계는 수학에서 서로 다른 수들이 어떻게 연관되어 있는지를 보여 주는 아주 좋은 예입니다.

5단

5단은 아이들에게 상대적으로 쉽습니다. 아이들은 손과 발을 사용하여 5의 4배까지 쉽게 배웁니다. 또한 5단에 들어 있는 숫자들은 항상 일의 자리 숫자가 0 또는 5이기 때문에 아이들은 어떤 수를 보고 즉각적으로 그 수가 5의 배수인지 알아챌 수 있습니다(큰 수에 대해서도 같은 방법으로 생각할 수 있습니다. 3451254947815라는 숫자가 주어졌을 때, 계산기로 오랜 시간 계산하지 않고도 5의 배수임을 알 수 있습니다.).

배 계산하기 – 2단, 4단 (그리고 8단)

아이들은 어떤 수의 두 배가 되는 수를 쉽게 찾아냅니다. 아마도 두 손과 10개의 손가락을 이용하기 때문인 것 같습니다. 여러분의 손만 빌려 준다면, 10의 2배까지 순식간에 알아낼 수 있습니다.

하지만 아이들은 매번 2를 곱해서 두 배를 찾아내지는 않습니다. 어떤 아이는 6의 두 배가 되는 수를 알아내기 위해 2에 6을 곱하라는 지시 없이도 2, 4, 6, 8, 10, 12와 같이 세어 가면서 찾아냅니다. 이 아이는 2 곱하기 6은 6 곱하기 2와 같고, 6 곱하기 2가 6의 두 배라는 것을 알고 있는 것입니다.

여러분의 아이가 배를 잘 찾아낸다면, 2단을 알고 있는 것입니다. 그 다음에 아이들은 4단이 두 배의 두 배라는 걸 재빠르게 알아차릴 것입니다.

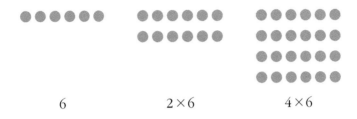

이 아이디어는 8단으로 확장됩니다. 3의 8배는 3의 두 배를 하고(6이 되는군요.), 다시 두 배를 하고(12가 됩니다.), 또 한 번 두 배를 합니다 (24!).

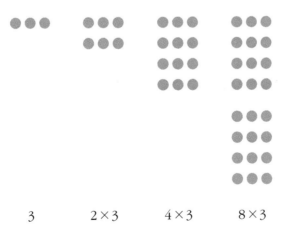

이러한 접근을 통해 곱셈구구를 외우는 수고를 덜 수도 있습니다. 두 배를 4번 하면 16배를 얻을 수 있고, 5번 하면 32배를 얻을 수 있습니

다. 18의 32배는 얼마일까요? 18에서 출발하여 두 배를 5번만 하면 됩니다. 18, 36(×2), 72(×4), 144(×8), 288(×16), 576(×32)이 됩니다.

 두 배 하기 놀이

주사위를 사용하는 게임을 할 때, 주사위를 던져 나온 눈의 두 배로 게임을 진행하는 것도 재미있습니다. 이렇게 하면 몇 가지 좋은 점이 있습니다. 아이들은 주사위를 한 번 던져서 두 배로 움직일 수 있어서 좋아합니다. 곱셈구구 2단과 친숙해지고요. (집안일을 해야 하는 부모들을 위해서) 게임은 두 배로 빨리 끝납니다.

 스스로 평가

ⅰ) 8×7 계산하기

두 배를 여러 번 하는 방법으로 8×7을 계산하세요.

9단

9단을 쉽게 정복할 수 있는 방법 중 하나는 열 배를 한 뒤에 하나를 제거하는 것입니다. 7의 9배는 무엇일까요? 먼저 7을 열 배해서 70을 만듭니다. 그다음에 7을 뺀 63이 답입니다. 배열을 이용하면 생각하기 쉽습니다.

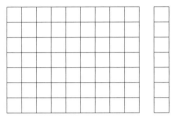

$$7 \times 9 = (7 \times 10) - 7 = 63$$

곱셈구구를 9단까지 배웠다면 25 곱하기 9를 구하는 문제가 어려울 수 있습니다. 하지만 방법은 같습니다. 25 곱하기 10을 해서 250을 만들고, 여기서 25를 빼서 225를 얻을 수 있습니다. 25 곱하기 9는 225입니다.

 스스로 평가

ⅱ) 보수 이용하기

보수 이용하기를 이용해서 9×78을 계산하세요(10을 곱하고 78을 다시 뺍니다.).

손가락을 이용하여 9단 외우기

9단을 쉽게 외울 수 있는 방법이 또 하나 있습니다. 바로 손가락을 이용하는 것입니다. 아이들은 이 방법을 아주 좋아합니다. 손등을 위로 해서 손을 펴세요. 이때 각 손가락은 1부터 10까지를 나타냅니다. 그림과 같이 왼손 새끼손가락은 1을, 오른손 새끼손가락은 10을 나타냅니다.

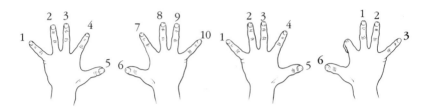

9를 곱한 결과를 알기 위해서는 곱해야 하는 숫자를 나타내는 손가락을 접으면 됩니다. 7에 9를 곱하면 얼마일까요? 7을 나타내는 손가락을 접으세요.

자, 이제 손을 보세요. 접은 손가락을 기준으로 왼쪽에 남아 있는 손가락이 십의 자리 숫자를 나타냅니다. 이 경우에는 60이 되는군요. 오른쪽에 남아 있는 손가락은 일의 자리 숫자를 나타냅니다. 3이 되겠죠. 그래서 7 곱하기 9는 63입니다. 한번 해 보세요. 어떤 숫자도 가능합니다.

3단과 6단

아이들에게 3단은 정말 어렵습니다. 쉽게 배울 수 있는 방법도 없습니다(간혹 어떤 사람들은 두 배 한 다음에 한 번 더 더하라고 합니다. 3 곱하기 7을 계산하기 위해서는, 7을 두 배 해서 14를 얻고, 여기에 7을 다시 더해서 21을 얻을 수 있다고 합니다. 그러나 7, 14, 21 이렇게 차례대로 세는 것보다 그다지 빠르지 않습니다.). 3단을 잘 외울 수 있는 방법은 없습니다. 그래서 아이들이 자신감을 가질 수 있게 다른 것들을 먼저 외우는 것이 좋습니다.

3단을 외우면 6단은 바로 해결됩니다. 두 배 계산을 다시 한 번 하면 됩니다. 3을 곱하고, 그 값을 2배로 하면 6을 곱한 값이 됩니다. 7 곱하기 3은 21이고, 7 곱하기 6은 42입니다.

스스로 평가

iii) 케이크

학교 행사에서 미라는 작은 케이크를 만들어 한 개에 60원씩 이윤을 남기고 팔기로 했습니다. 모두 9개의 케이크를 팔았습니다. 총이윤은 얼마일까요?

7단 — 주사위 게임

이제 7단만 남았습니다. 좋은 정보를 드릴까요? 여러분의 아이가 앞에서 말한 곱셈구구를 전부 외웠다면, 7단을 외울 필요가 없습니다. 이미 다른 수들에 7을 곱해 보았기 때문입니다.

그러나 확실히 하기 위해서 아이들이 7단을 외우려고 한다면, 도움을 줄 수 있는 게임을 소개합니다. 일단 많은 주사위를 준비하세요. 10개 정도면 적당할 것 같군요. 시합으로 할 수도 있습니다. 주사위 위에 적힌 수를 누가 더 빨리 더할 수 있는가 시합하도록 합니다. 하지만 아이들에게 기회를 주기 위해서, 몇 개의 주사위를 던질지는 아이가 결정하게 하세요. 그리고 아이들은 주사위 윗면에 적힌 숫자들만 더하게 하

고, 여러분은 주사위 윗면과 바닥에 적힌 숫자를 모두 더하는 것으로 합니다.

아이들에게 두 개 이상의 주사위를 고르게 하고 그것을 흔들 상자에 담게 합니다. 여러분이 알아야 할 것은 선택된 주사위의 개수입니다.

아이들이 주사위를 던지자마자 여러분은 주사위의 윗면과 바닥에 적힌 숫자들의 총합이 얼마인지 단번에 알아낼 수 있습니다. 어떻게 가능할까요? 간단히 7에 주사위의 수를 곱하기만 하면 됩니다. 만약 주사위가 3개였다면 세 개의 주사위의 윗면과 바닥에 적힌 숫자들의 총합은 21이 될 것입니다(부연 설명하자면 주사위에서 서로 마주 보는 면의 적힌 숫자의 합은 항상 7입니다.).

아이들은 번개와도 같은 여러분의 계산 속도에 놀라워하며 어떻게 구했는지 배우고 싶어 할 것입니다.

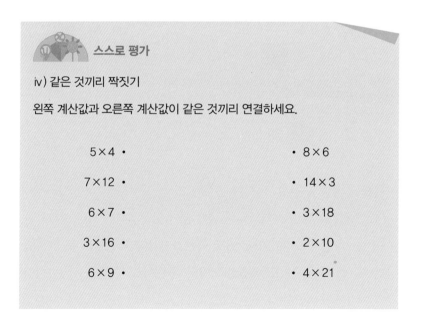

스스로 평가

iv) 같은 것끼리 짝짓기

왼쪽 계산값과 오른쪽 계산값이 같은 것끼리 연결하세요.

5×4 •	• 8×6
7×12 •	• 14×3
6×7 •	• 3×18
3×16 •	• 2×10
6×9 •	• 4×21

11단과 12단

아이들이 10보다 큰 수를 곱하는 데 자신감을 갖게 되면서 큰 수의 곱셈에 대하여 느낌을 가지기 시작합니다. 9단에서 멈췄다면 자칫 놓쳤을지도 모를 재미있는 패턴들이 11단과 12단에 들어 있습니다.

1	2	3	4	5	6	7	8	9	10	11	12
2	4	6	8	10	12	14	16	18	20	22	24
3	6	9	12	15	18	21	24	27	30	33	36
4	8	12	16	20	24	28	32	36	40	44	48
5	10	15	20	25	30	35	40	45	50	55	60
6	12	18	24	30	36	42	48	54	60	66	72
7	14	21	28	35	42	49	56	63	70	77	84
8	16	24	32	40	48	56	64	72	80	88	96
9	18	27	36	45	54	63	72	81	90	99	108
10	20	30	40	50	60	70	80	90	100	110	120
11	22	33	44	55	66	77	88	99	110	121	132
12	24	36	48	60	72	84	96	108	120	132	144

예를 들어 보겠습니다. 숫자 8을 보세요. 위 표에서 8은 4번 나타납니다. 반면에 36은 5번 나타납니다. 8이 들어 있는 사각형끼리 연결하면, 부드러운 곡선이 그려집니다. 36도 마찬가지입니다. 실제로 두 번 이상 나타나는 어떠한 숫자도 비슷한 모양의 곡선으로 연결할 수 있습니다. 만일 여러분이 이러한 곡선을 모두 그리면, 그 곡선들은 결코 만나지 않

게 그려집니다(이 곡선을 쌍곡선이라고 합니다.).

30분 정도 아이들이 정신없이 조사하도록 할 수도 있습니다. 12×12 곱셈표를 여러 장 프린트하세요. 그리고 다음과 같이 질문을 합니다.

- 짝수는 빨간색으로, 홀수는 파란색으로 색칠하여라.
- 가장 많이 나타나는 수를 찾아라.
- 표에는 서로 다른 숫자가 몇 개 등장하는가?
- 표에 나타나지 않는 수 중에서 가장 작은 수는 무엇인가? 1과 100 사이의 수 중에서 표에 나타나지 않는 수는 무엇인가?

11단 마술

11단은 가장 단순한 규칙성을 보입니다.

$$1 \times 11 = 11$$
$$2 \times 11 = 22$$
$$3 \times 11 = 33$$
$$4 \times 11 = 44$$
$$5 \times 11 = 55$$
$$6 \times 11 = 66$$
$$7 \times 11 = 77$$
$$8 \times 11 = 88$$
$$9 \times 11 = 99$$

하지만 곱하는 수가 커지면 어떤 일이 벌어질까요? 10과 99사이에 있는 임의의 수에 11을 곱하면 아주 흥미로운 마술 쇼가 나타납니다.

- 10과 99 사이에 있는 숫자 중에서 하나를 고르세요. 예를 들어 26으로 해 봅시다.
- 고른 수를 두 부분으로 분리하고 그 사이에는 공백을 둡니다. 2□6.
- 분리한 두 수를 더합니다. $2+6=8$이군요. 이제 더해서 나온 수를 아까 만들어 놓은 공백에 적습니다. 286.

바로 이것이 정답입니다! $26 \times 11 = 286$.
하지만 주의하십시오. 75×11을 하면 어떻게 되나 살펴볼까요?

- 두 수를 분리합니다. 7□5.
- 분리한 두 수를 더합니다. $7+5=12$.
- 그럼 12를 두 수 사이에 적어 볼까요? 그럼 7125가 됩니다. 이 경우에는 답이 되지 않습니다.

뭐가 잘못되었을까요? 분리한 두 수의 합이 10보다 큰 것($7+5=12$)이 문제입니다. 이 경우에는 25는 그대로 놔두고, 12에서 1을 75의 십의 자리 숫자인 7에 더합니다. 그래서 75×11은 7125가 아니라 $(7+1)25$, 즉 825가 됩니다. 그다지 깔끔한 마술은 아니군요.

v) 11단

머리로 계산하세요.

a. 33×11

b. 11×62

c. 47×11

 GAME 계산기를 이겨라!

이 게임의 목적은 곱셈구구를 빨리 생각해 내는 것입니다. 카드 한 벌
과 계산기가 필요합니다.

- 계산기를 사용할 사람을 정합니다.
- 카드를 섞어 엎은 다음, 맨 위에 있는 카드 두 장을 뒤집습니다.
- 계산기를 사용하는 사람은 카드에 적힌 두 수를 곱합니다. 설사 답
  을 알고 있다고 하더라도 반드시 계산기를 사용해야 합니다(이것은
  아주 불편할 수도 있습니다.).
- 다른 사람은 두 수를 암산으로 곱합니다.
- 먼저 계산하는 사람이 점수를 얻습니다.
- 게임을 10번 한 뒤에 역할을 바꿉니다.

5
큰 수의 곱셈

—

문제 명희는 주머니에 1,000원을 가지고 있습니다. 이것으로 하나에 300원 하는 지우개를 사려고 합니다. 명희는 몇 개나 살 수 있을까요? 왜 그렇게 생각하는지 설명하세요.

답 3

준서가 말해주었어요.

아이들이 곱셈구구를 익히고 나면, 큰 수의 곱셈과 나눗셈을 배우게 됩니다. 덧셈과 뺄셈에 대한 단원에서 살펴보았듯이, 요즈음 종이와 연필을 사용하는 방법은 수년 전에 배웠던 것과는 많이 다릅니다. 아이들은 종이와 연필을 사용하여 덧셈과 뺄셈을 하면서 종종 실수를 합니다. 세로 곱셈*과 나눗셈을 할 때도 자주 실수를 합니다. 왜냐하면 세로 곱셈에는 큰 수의 덧셈과 뺄셈이 많이 포함되어 있기 때문입니다. 식을 비슷하게 쓰고 시작하기 때문에 아이들은 종종 덧셈에서 배웠던 공식을 곱셈에 사용하기도 합니다. 그래서 안타깝게도 틀린 답을 얻습니다. 그러니까 곱셈과 나눗셈을 천천히 하게 하세요. 아이들은 잘 알지 못하면서도 자신들은 잘 알고 있다고 생각하기도 합니다.

큰 수를 곱할 때 아이들이 겪는 어려움

1. 이해하지 못하고 기계적으로 배운 계산법을 사용하면서 실수를

---

* 세로 곱셈은 long multiplication의 번역입니다. 구구단은 4×2=8과 같이 쓰지만, 12×3처럼 큰 수의 곱셈은 $\times\frac{12}{3}$과 같이 세로로 계산을 하게 됩니다.

한다.

2. 곱셈이라는 것은 몇 배로 더하는 것이라고 생각한다(종종 비에 대해서도 그렇게 생각한다.).

3. 곱하면 항상 커진다고 생각한다(그래서 $\frac{1}{2}$을 곱했을 때, 수가 작아지는 것을 발견하고는 당황한다.).

큰 수의 곱셈 - 왜 방법이 바뀌었는가

아이들이 곱셈표에 자신감을 가지게 되면 큰 수의 곱셈을 시작합니다. 과거에 이 말은 곧 세로 곱셈을 시작하는 것을 의미했습니다.

한때 학교에 다니는 거의 모든 학생들이 세로 곱셈을 아주 잘해서 99%의 정답률을 얻었다고 믿었습니다. 그러나 이는 근거 없는 믿음일 뿐입니다. 일부 아이들은 이 간편하고 오래된 방법으로 문제를 잘 해결하기도 하지만, 대다수의 아이들은 정말로 힘들어합니다. 아이들은 정답을 구할 수는 있지만, 왜 그렇게 되는지 이유를 알지 못합니다. 이는 마지막에 무엇이 나오나 지켜보기 위해서 전자동 프로그램을 돌리는 것과 다를 바 없습니다. 또한 연습을 하고 난 후 시간이 지나면 중요한 사항을 잊어버려서 실수를 저지르기도 합니다. 그래서 한 번에 정답을 구하지 못합니다.

학교에서 세로 곱셈을 여전히 가르치고 있습니다. 그러나 이해를 도울 수 있는 몇 가지 다른 전략을 배운 후에 학습합니다.

세로 곱셈 – 부모들이 배운 방법

아래 식은 36×24를 세로 곱셈으로 계산한 결과입니다.

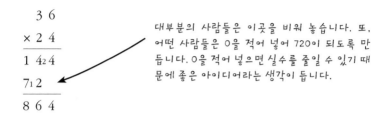

대부분의 사람들은 이곳을 비워 놓습니다. 또, 어떤 사람들은 0을 적어 넣어 720이 되도록 만듭니다. 0을 적어 넣으면 실수를 줄일 수 있기 때문에 좋은 아이디어라는 생각이 듭니다.

24를 순서대로 오른쪽부터 곱하면 됩니다. '6 곱하기 4는 24, 4는 그대로 두고 2를 올림해요. 3 곱하기 4는 12, 12 더하기 2는 14. 따라서 144. 이번에는 한 칸 왼쪽으로 이동해서 6 곱하기 2는 12, 1을 올림해요. 3 곱하기 2는 6, 6 더하기 1은 7. 따라서 72.' 마지막으로 144+72(정확히 말하면 720입니다. 위에서는 0을 쓰지 않았습니다.)를 해서 답을 얻습니다.

이 규칙을 제대로 따라 할 수 있다면, 걱정할 필요가 없습니다. 하지만 불행히도 모든 아이들이 잘하는 것은 아닙니다.

아이들의 머릿속 : 어떻게 틀린 답을 얻었을까요?

A.

$$\begin{array}{r} 3\overset{\cdot}{6} \\ \times\ 3 \\ \hline 128 \end{array}$$

B.

$$\begin{array}{r} 36 \\ \times\ 24 \\ \hline 24 \\ 600 \\ \hline 624 \end{array}$$

C.

$$\begin{array}{r} 36 \\ \times 24 \\ \hline 24 \\ 72 \\ \hline 96 \end{array}$$

A. 이 아이는 6과 3을 올바로 곱하고 1을 올림했군요. 그리고 이 1이 어딘가에 더해져야 한다는 사실을 기억해 내고 계산하였는데, 1을 십의 자리 수인 3에 더했네요. '3 더하기 1은 4구나. 그럼 4 곱하기 3을 해서 12가 나오네.'라고 생각했습니다.

B. 이 아이는 세로 곱셈을 덧셈처럼 계산했네요. 덧셈을 할 때는 일의 자리의 수를 더하고 그다음에 십의 자리의 수를 더합니다. 그래서 곱셈도 같은 방법으로 계산한 것입니다. 일의 자리의 수를 먼저 곱하고($6 \times 4 = 24$), 십의 자리의 수를 다시 곱해서($30 \times 20 = 600$) 두 수를 더했습니다.

C. 이 아이는 20 대신에 2를 곱했습니다. 우리가 이야기한 세로 곱셈 계산법이 항상 유용하게 사용되는 것은 아닙니다. 차라리 육사 24, 삼사 12, 다음에 0을 쓰고, 육이 12, 삼이 6이라고 말하는 것이 더 빠릅니다.

이와 같은 실수들 때문에 오늘날 학교에서는 곱셈의 원리를 이해할 수 있는 다른 방법을 소개하고 있습니다.

1단계 : 배열을 이용한 곱셈

곱셈구구에 없는 곱셈을 계산하기 위하여, 1단계로 3×14와 같이 한 자릿수와 두 자릿수의 곱셈을 어떻게 하는지 알아봅시다.

배열을 이용하는 것이 가장 간단합니다(앞에서 다룬 배열에 대한 내용을 참조하세요.). 3×14는 아래와 같이 점으로 배열을 나타내어 계산할 수 있습니다.

아이들은 배열을 보고 점의 개수를 일일이 셀 수도 있습니다. 그러나 곱셈구구를 알고 있는 아이라면 계산하기 쉽게 배열을 두 부분으로 나눌 수 있습니다. 즉, 14를 10＋4로 가르는 것입니다.

그림에 의하면 3×14는 3×10 더하기 3×4, 즉 30＋12와 같다는 사실을 확실하게 알 수 있습니다.

2단계 : 상자 그리기

2단계는 일일이 점을 그리는 대신에(아이들은 그 점을 하나하나 셀 수도 있습니다.), 상자 모양으로 바꿔서 그리는 것입니다. 이때 상자의 위쪽과 옆에 점의 개수를 표시합니다. 3×14의 경우는 아래와 같습니다.

그림을 그릴 때 비율에 맞출 필요는 없습니다. 이제 아래와 같이 상자에 답을 적습니다.

다시 말하면, $3 \times (10+4) = 30+12 = 42$가 됩니다.

3단계 : 격자 그리기

좀 더 복잡한 계산도 같은 방법으로 할 수 있습니다. 예를 들어 24×36은 다음과 같이 나타냅니다.

이 커다란 상자를 십의 자리의 수와 일의 자리의 수에 맞게 나눕니다.

모양이 격자와 많이 비슷하지요? 그래서 이 방법을 '격자 그리기'라고 합니다. 이제 36×24를 계산하기 위해서 여러분은 격자 각각에 들어 있는 수를 더하기만 하면 됩니다.

	10	10	10	6
10	100	100	100	60
10	100	100	100	60
4	40	40	40	24

상자 안에 들어 있는 수를 모두 더하면 864를 얻을 수 있습니다. 이 방법은 아주 장황하게 보입니다(사실 장황하죠!). 그러나 (a) 모든 점을 세는 것보다는 훨씬 빠릅니다. 그리고 (b) 무슨 일이 벌어지고 있는지 정확하게 이해할 수 있습니다.

 스스로 평가

ⅰ) 격자 그리기 1

격자를 그리고 십의 자리와 일의 자리를 구분하여 23×13을 계산하세요.

4단계 : 큰 블록으로 작업하기

큰 블록을 만들면 시간을 절약할 수 있습니다. 24×36을 계산하기 위하여 다음과 같은 방법을 사용하면 더욱 간단합니다.

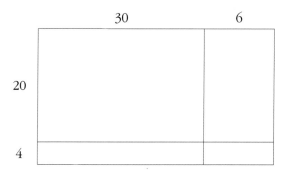

이 경우에는 4개만 계산하면 됩니다.

	30	6
20	20×30	20×6
4	4×30	4×6

4개의 격자에 적힌 결과를 더하면(600+120+120+24) 답이 나옵니다.

5단계 : 격자에서 세로 곱셈으로

아이들이 격자 그리기에 익숙해지면 아주 쉽게 그리기 작업을 하게 됩니다. 실제로 아이들은 격자에서 했던 작업을 다음과 같은 4개의 계산으로 나누어 정리할 수 있습니다.

$$
\begin{array}{r}
3\ 6 \\
\times\ 2\ 4 \\
\hline
6\ 0\ 0 \\
1\ 2\ 0 \\
1\ 2\ 0 \\
2\ 4 \\
\hline
8\ 6\ 4
\end{array}
\qquad
\begin{array}{l}
\\
\\
(20\times30) \\
(20\times6) \\
(4\times30) \\
(4\times6) \\
\\
\end{array}
$$

이것은 전통적인 세로 곱셈과 매우 비슷합니다. 5단계까지 잘 이해한 아이들은 마지막 단계를 보며 부모들이 배웠던 압축된 계산법이 어떻게 나오게 되었는지 알 수 있을 것입니다.

그런데 왜 이렇게 복잡한 단계를 거쳐야 할까요? 그 이유는 전통적인 방식의 세로 곱셈을 제대로 구현하는 것이 모든 아이들에게 쉬운 일은 아니기 때문입니다. 곱셈 때문에 힘들어하는 아이들은 격자 그리기를 통하여 계산 원리를 이해할 수 있습니다. 그리고 아이들이 어떤 단계에서 방법을 잊었거나 헷갈릴 때, 이전 단계로 돌아갈 수 있습니다. 우리의 목표는 세로 곱셈의 간결한 모양을 얻는 것입니다. 계산을 할 수 있는 것만큼이나 중요한 것은 어떻게 그렇게 되는지 이해하는 것이기 때문에 각 단계에서 여러 번 연습해 보는 것이 필요합니다.

ii) 왜 아래 계산이 틀렸을까요?

계산을 일일이 하지 말고, 답이 틀린 이유를 설명하세요.

a. 37×46=1831

b. 72×31=2072

c. 847×92=102714

더 큰 수의 곱셈

격자 그리기 방법은 두 자릿수의 곱셈에만 사용되는 것은 아닙니다. 어떤 곱셈에서도 사용할 수 있습니다. 단, 좀 복잡해집니다.

134×46을 예로 들어 보겠습니다. 이것은 다음과 같이 계산할 수 있습니다.

	100	30	4
40	4000	1200	160
6	600	180	24

그리고 천 자리의 수나 그 이상도 할 수 있습니다. 아이들이 큰 수를 이와 같이 계산하고 있다면, 그것은 바로 전통적인 세로 곱셈을 하고 있는 것입니다.

iii) 격자 그리기 2

어떤 책 한 권의 가격은 9,470원입니다. 학교에서는 그 책을 62권 주문했습니다. 격자 그리기를 사용하여 총가격을 계산하세요.

격자 방법과 대수의 연관성

격자 그리기는 초등학교 이상에서도 아주 유용합니다. 여러분은 중학교에 들어가서 처음 미지수를 배우던 기억이 날 것입니다. 미지수에서는 숫자 대신 문자를 사용하며, $(a+b)$ 곱하기 $(c+d)$와 같은 식을 다룹니다.

두 개의 괄호를 곱하면 무엇이 될까요? 대부분의 부모들은 이 부분에서 머뭇거리다가, 격자 그리기를 사용하면 된다는 사실을 알아냅니다. $(a+b)$ 곱하기 $(c+d)$는 $(20+4)$ 곱하기 $(30+6)$과 같이 생각하면 됩니다. 우리는 격자를 그리고, 각 부분의 식을 더하기만 하면 됩니다.

	c	d
a	$a \times c$	$a \times d$
b	$b \times c$	$b \times d$

숫자의 경우와 마찬가지입니다.

	30	6
20	20×30	20×6
4	4×30	4×6

그러므로 답은 $ac + ad + bc + bd$입니다. 격자 그리기는 세로 곱셈보다 수학의 기초를 더 많이 제공해 줍니다. 여러분도 알고 있겠지만.

6

나눗셈

문제 사과가 35개 있다. 여기에서 사과를 10개씩 빼려고 한다.

몇 번이나 뺄 수 있을까?

답

$$35-10=25$$

$$35-10=25$$

$$35-10=25$$

$$35-10=25$$

$$35-10=25$$

$$35-10=25$$

나눗셈은 수학의 기초 연산 중에서 가장 까다롭습니다. 용어에 있어서도, '3은 2로 나누어떨어지지 않는다', '얼마로 나누면', '몇 분의 몇', '몇 개씩 나누어 가지면'처럼 곱셈보다 훨씬 복잡한 표현을 사용합니다. 세로 나눗셈은 얼마나 중요하며, 왜 모든 사람들에게 문제를 일으킬까요? 나누면 크기나 개수가 줄어드는데, 0.5로 나눌 때는 왜 더 큰 수가 나올까요?

나눗셈을 할 때 아이들이 겪는 어려움

1. 나눗셈이 곱셈의 역연산이라는 점을 잘 알지 못하기 때문에, 곱셈을 이용하지 않고 나눗셈을 한다. 7×4＝28을 아는 사람은 28÷7＝4이고 28÷4＝7이라는 사실도 알고 있는데 말이다.
2. 나눗셈은 오로지 '나누어 주는 것'이라고만 생각하고(사과 42개를 6명에게 나눠 주어라.), 반복적으로 빼는 것에 대해서는 생각하지 않는다(사과 42개를 각 주머니에 7개씩 담아라.).
3. 나눗셈은 항상 수를 작게 만든다고 생각한다. 사탕 35개를 5명의

아이들에게 나눠 주면 한 명당 사탕 7개씩 갖게 된다. 그러나 아이는 5명이고 사탕도 35개 그대로 있다. 사탕은 없어지지 않았고 단지 재배열되었을 뿐이다.

과연 나눗셈은 무엇을 의미하는가
— 등분하는 것인가, 빼는 것인가?

일반적으로 나눗셈은 등분하는 의미를 갖고 있습니다. 특히 아이들은 사탕을 등분하는 문제로 나눗셈을 익힙니다(아이들은 각자 공평한 몫을 받으려고 합니다.). 자, 다음과 같은 계산을 생각해 봅시다.

$$48 \div 8$$

이 식은 '나는 과자를 48개 가지고 있다. 8개의 주머니에 똑같이 나누어 담으려고 한다. 하나의 주머니에 몇 개씩 넣을 수 있을까?'와 같은 '실생활' 문제로 생각할 수 있습니다.

하지만 등분을 다르게 해석할 수도 있습니다. '나는 과자를 48개 가지고 있다. 이제 주머니 하나에 8개씩 담으려고 한다. 몇 개의 주머니를 채울 수 있을까?' 이 문제를 위와 비교해 보세요.

이 문제도 48÷8을 풀면 해결됩니다.

그러나 두 문제는 큰 차이가 있습니다. 등분하는 첫 번째 문제에서는 과자의 개수와 주머니의 개수를 이미 알고 있는 상태에서 주머니에 과자를 넣어야 합니다. 우리가 모르는 것은 '각각의 주머니에 얼마나 많은 과자가 들어가는가?'입니다. 이 문제를 해결하기 위하여 글자 그대로 48

개의 과자를 등분할 수 있습니다. 8개의 주머니를 나타내는 무언가를 놓고, '여기에 한 개, 저기에 한 개, …….' 하면서 과자가 모두 없어질 때까지 등분하는 것입니다.

두 번째 문제에서는 상황이 약간 다릅니다. 여전히 과자가 48개 있지만, 이번에는 각 주머니에 넣어야 하는 과자의 개수를 알고 있습니다. 하지만 주머니의 개수는 모릅니다. 이 문제를 해결하기 위해서는 과자 48개를 꺼내 놓고 8개를 빼서 첫 번째 주머니에 넣고, 8개를 빼서 다음 주머니에 넣고, 과자가 다 없어질 때까지 이런 작업을 계속하면 됩니다. 이것은 등분이라기보다는 뺄셈이 반복되어서 얻어지는 나눗셈입니다.

나눗셈의 두 가지 의미 이해하기

아이들은 '등분'과 '뺄셈'이라는 두 가지 의미의 나눗셈 문제에 익숙해져야 합니다. 여기에는 두 가지 이유가 있습니다.

첫째 질문을 '등분' 또는 '반복된 뺄셈' 중 어떤 것으로 해석하느냐에 따라, 아이들은 정답을 아주 쉽게 찾아낼 수 있습니다. 뺄셈에 대한 논의에서도 2001 - 1998을 계산할 때, '덜어 내기'로 보느냐 '두 수의 차로 보느냐'에 따라 상황이 달랐지요.

어떤 교육 전문가는 아이들을 데리고 아래의 식으로 실험을 했습니다.

$$6000 \div 6 \qquad 6000 \div 1000$$

등분으로 나눗셈을 배운 아이들은 첫 번째 문제를 쉽게 풀었습니다. 아이들은 마음속으로 6명의 사람을 그려 놓고 각각에게 1000개씩 주는 장면을 생각했습니다. 하지만 두 번째 문제를 풀 때는 어려워했습니다. 1000명의 사람을 상상하는 것이 쉽지 않았기 때문입니다. 반면에 반복된 뺄셈으로 나눗셈을 배운 아이들은 두 번째 문제를 쉽게 해결했습니다. 아이들은 6000에서 1000씩 빼다가 6번 만에 끝난다는 사실을 알아냈습니다. 그러나 6000에서 6씩 빼는 것은, 정말 긴긴 시간을 필요로 합니다. 두 가지 방법을 자유롭게 이용할 수 있으면 나눗셈 계산은 아주 쉬워집니다. $1000 \times 6 = 6000$이라는 사실을 알고, 곱셈과 나눗셈 사이의 관계를 이용하는 경우도 마찬가지입니다.

아이들이 두 가지 유형의 나눗셈을 이해해야 하는 두 번째 이유는 아이들이 학교에서 분수로 나누기를 배울 때, 수학적인 의미를 부여하는 것은 반복적인 뺄셈으로만 가능하기 때문입니다.

$\frac{1}{2}$로 나누기

$16 \div \frac{1}{2}$은 무엇일까요? 16을 $\frac{1}{2}$로 등분하면? 두 명에게 똑같이 나누어 줄 수는 있지만 반 명에게 나누어 주라니, 불가능합니다!

하지만, '16에서 $\frac{1}{2}$을 몇 번이나 뺄 수 있을까?'로 생각해 본다면, 아주 쉬워집니다. 답은 32번입니다. 16 속에 $\frac{1}{2}$은 32만큼 있습니다. 이것을 실제 상황에 적용해 보면 아이들의 이해를 도울 수 있습니다. '어떤 피자 가게에서는 피자 한 판을 반쪽씩 팔고 있다. 어느 날 그 가게에서는 피자 16판을 팔았다. 반쪽짜리 피자를 모두 몇 개 팔았나?' 이 문제는 분수를 다루는 단원에서 더욱 자세하게 알아볼 것입니다.

소수

소수(prime number)라는 것은 1과 자기 자신만으로 나누어떨어지는 1보다 큰 자연수를 말합니다. 등분하는 상황에서 소수를 등장시키는 것이 자연스럽기 때문에 나눗셈 단원에서 소개하려고 합니다. 소수의 뜻을 제대로 이해하기 위해서는, 여러분이 가지고 있는 사탕을 공평하게 나눌 수 없을 때 그 사탕의 수를 생각해 보는 것입니다. 사탕을 15개 가지고 있다고 합시다. 그렇다면 5명의 아이들에게(각각 3개씩), 3명의 아이들에게(각각 5개씩) 정확히 나누어 줄 수 있습니다. 그러나 사탕이 13개 있다고 생각해 봅시다. 딱 맞게 나누어 줄 수 있는 방법은 1명과 13명을 제외하고는 아무것도 없습니다.

소수를 작은 순서대로 몇 개 적어 보면 2(유일한 짝수입니다.), 3, 5, 7, 11, 13, 17, 19를 들 수 있습니다. 수학자들은 큰 소수를 찾아내어 다른 사람의 기록을 깨려고 합니다. 그러다가 '가장 큰' 소수가 발견되면, 좀 더 큰 소수를 찾으려고 다시 노력을 기울입니다. 수학자들은 발견된 소수보다 더 큰 소수가 반드시 존재한다는 사실을 알고 있습니다.

수학자들은 어떻게 이런 사실을 알게 되었을까요? 2000년 전에 유클리드라고 하는 그리스 수학자가 증명했습니다. 그의 증명은 정말 아름답습니다. 하지만 어린아이들에게는 다소 어렵기 때문에 여기에 소개하지 않겠습니다.

약수와 배수

약수와 배수는 같은 것이 아닙니다. 하지만 아이들은 이 둘을 혼합하여 생각하는 경향이 있습니다. 물론 둘 다 나눗셈, 곱셈과 밀접한 관계가 있습니다. 나중에 나눗셈 계산에 도움이 되기 때문에 이 둘을 잘 이해할 필요가 있습니다.

약수는 어떤 수를 만들기 위해서 곱하는 각각의 성분을 말합니다. 18을 예로 들어 보겠습니다. 18의 약수는 1, 2, 3, 6, 9, 18입니다. 이들 약수는 짝을 지어 다음과 같이 쓸 수 있습니다. $1 \times 18 = 18$, $2 \times 9 = 18$, $3 \times 6 = 18$.

아이들은 어떤 수의 약수를 모두 구하라는 질문을 종종 받을 것입니다. 이때 1에서부터 출발해서 차례로 수를 늘려 나가는 것이 좋습니다. 약수를 하나 찾을 때마다 그 '짝'을 찾을 수 있습니다. 18의 경우에 약수는 1(짝은 18), 2(짝은 9), 3(짝은 6)이 약수이고, 4와 5는 약수가 아닙니다. 6은 다시 약수이고 그 짝은 3입니다. 그러나 3은 이미 약수로 뽑혔기 때문에 더 이상 진행하는 것은 의미가 없습니다.

어떤 수들은 공통으로 몇 개의 약수를 갖기도 합니다. 예를 들면, 18과 27은 모두 1, 3, 9를 약수로 갖고 있습니다. 9는 두 수가 공통으로 갖고 있는 약수 가운데 가장 큰 수입니다. 이를 최대공약수라고 합니다.

이제 18의 배수를 생각해 봅시다. 18의 배수는 36, 54, 72 외에도 18에 적당한 자연수를 곱한 수들입니다.

임의의 두 수는 공통인 배수를 갖습니다. 18과 25를 생각해 봅시다. 18에 25를 곱하면 18의 배수가 되고, 25에 18을 곱하면 25의 배수가 됩니다. 이때, 곱의 결과는 같기 때문에 그 값은 두 수의 공통인 배수가 됩니다. 우리는 이 수를 공배수라고 하며, 이 경우에는 450입니다.

모든 숫자들은 끝없이 많은 공배수를 갖고 있습니다. 예를 들면, 6과 9의 공배수는 18, 36, 54, …… 360, 1800, 90000…… 입니다. 두 수의 공배수 중에서 가장 큰 수가 무엇인지는 알 수 없지만(이는 무한의 영역입니다.), 가장 작은 수가 무엇인지는 찾을 수 있습니다. 우리는 이 수를 최소공배수라고 하며, 6과 9의 경우에는 18입니다.

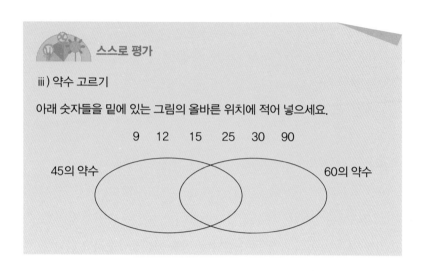

ⅲ) 약수 고르기

아래 숫자들을 밑에 있는 그림의 올바른 위치에 적어 넣으세요.

9 12 15 25 30 90

45의 약수   60의 약수

곱셈의 반대인 나눗셈

아이들은 48÷8을 실제로는 어떻게 계산할까요? 아무것도 남지 않을 때까지 48에서 8을 계속 빼는 것도 가능합니다. 단지 시간이 좀 걸릴 뿐 틀린 방법은 아닙니다. 나눗셈을 할 수 있는 좀 더 빠른 방법은 곱셈 구구를 이용하는 것입니다. 여러분의 아이가 나눗셈을 훌륭하게 해내길 원한다면, 곱셈을 능숙하게 하도록 만드십시오.

여러분은 48÷8의 답이 6이라는 것을 어떻게 아나요? 6×8=48이라는 사실을 알고 있기 때문입니다(실제로 나누기를 하는 사람은 없습니다. 정답을 알려 주는 두 수의 곱이 무엇인가를 직감적으로 찾아냅니다.).

GAME 나눗셈 카드

아이들이 나눗셈을 잘할 수 있도록 하려면 카드를 이용하는 것이 좋습니다. 종이 한 장을 가로세로로 한 번씩 접어 다음과 같이 곱을 나타내는 수를 적습니다.

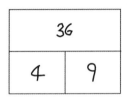

숫자들 중에서 하나를 가리고, 나머지 두 수 사이의 관계를 최대로 많이 찾아내어 아이와 질문을 주고받습니다. 위의 예에서 4를 가렸다고 가정합시다.

- 36을 9로 나누면 뭐지?
- 어떤 수가 9개 있으면 36이 될까?
- 36을 무엇으로 나누어야 9가 될까?
- 36에서 9를 몇 번이나 뺄 수 있지?
- 36을 9개로 등분하면 무엇일까?

아이들이 곱셈구구를 이용한 나눗셈에 자신감을 갖게 되면, 이제 좀 더 큰 주제로 옮겨 갑시다.

배수 판정법

5의 배수는 일의 자리가 항상 5 또는 0입니다. 2의 배수는 짝수입니다(일의 자리가 2, 4, 6, 8, 0입니다.). 872는 5의 배수는 아니지만, 2의 배수입니다.

이제 아주 유용하게 사용되는 세 가지 배수 판정법을 소개합니다. 원리에 대한 설명은 생략하겠습니다.

3의 배수 : 각 자리의 숫자를 더합니다. 더한 숫자가 3의 배수이면 원래의 숫자도 3의 배수입니다. 예를 들면, 211은 각 자리 숫자의 합이 4입니다. 4는 3의 배수가 아니죠. 그러므로 211 또한 3의 배수가 아닙니다. 반면에 174를 생각해 봅시다. 각 자리 숫자의 합은 12이고, 12는 3의 배수입니다. 그러므로 174는 3의 배수입니다. 실제로 174÷3=58입니다.

6의 배수 : 어떤 숫자가 짝수이고, 3의 배수 판정법(바로 위에 있는)을 무사히 통과했다면 그 수는 6의 배수입니다. 8412를 예로 들어 볼까요. 이 수는 짝수이고 각 자릿수의 합이 15이므로 3의 배수입니다. 따라서 8412는 6의 배수입니다.

9의 배수 : 각 자리의 숫자를 더합니다. 더한 숫자가 9의 배수이면 원래의 숫자도 9의 배수입니다. 442는 9의 배수가 아닙니다. 각 자릿수의 합이 10이니까요. 그러나 378은 9의 배수입니다. 각 자릿수의 합은 18이니까요.

iv) 배수 알아내기

계산을 일일이 하지 말고, 아래의 수가 괄호 안의 조건을 만족하는지 판정하세요.

a. 28734(2의 배수)   b. 9817(5의 배수)   c. 183(3의 배수)

d. 4837(9의 배수)   e. 28316(6의 배수)

세로 나눗셈 – 부모들이 배운 방법

누군가가 "자신의 인생에서 세로 나눗셈을 두 번 해 본 사람은 너무나 많은 일을 한 것이다."라고 했다지요.

아이들의 숙제를 도와줄 때 말고, 여러분이 마지막으로 세로 나눗셈을 해야 했던 때를 생각해 봅시다. 여기서 다시 한 번 세로 나눗셈의 기억을 되살려 볼 겸, 고전적인 방법으로 계산한 식을 살펴봅시다.

$$
\begin{array}{r}
21 \\
24\overline{)517} \\
48 \\
\hline
37 \\
24 \\
\hline
13
\end{array}
$$

24는 5 안에 들어가지 않습니다.
24는 51 안에 2번 들어갑니다(위쪽에 2라고 씁니다.).
24×2=48이므로 51 밑에 48을 씁니다.
51에서 48을 빼서 아래에 3을 씁니다. 그리고 다음 자리에 7을 내려 써서 37을 만듭니다. 37 나누기 24를 하면 1번 들어가네요. 그럼 위쪽에 1이라고 씁니다.
37에서 24를 뺍니다. 13이 나오는데요, 13은 24보다 작고 더 이상 내려올 숫자가 없기 때문에 13은 나머지가 됩니다.

더 이상 자세한 설명은 하지 않겠습니다. 여러분이 세로 나눗셈을 능숙하게 할 수 있다면 이 정도로 충분하고, 만약 잘하지 못한다면 아이들이 배우는 방법을 따라 다시 시작하는 것이 훨씬 낫기 때문입니다.

간편 나눗셈

작은 수로 나누는 경우에는 계산의 전 과정을 일일이 적을 필요가 없습니다. 749 나누기 7은 다음과 같이 간편하게 나눌 수 있습니다.

$$
\begin{array}{r}
\text{몫} \\
\overline{107} \\
\text{나누는 수} \longrightarrow 7\overline{)749}
\end{array}
$$

계산법은 다음과 같습니다.

- 7에 7은 한 번 들어간다. 그러므로 1을 적는다.
- 4에 7이 들어가지 않는다. 그러므로 0을 적는다.
- 49에는 7이 7번 들어간다. 그러므로 7을 적는다.

그래서 답은 107입니다.

아이들의 머릿속 : 오답이 나온 이유

앞에서 설명했던 '간편 나눗셈'을 다음과 같은 문제로 바꿀 수 있습니다. '수정이는 749cm의 리본을 가지고 있는데, 길이가 같은 7개의 조각으로 나누려고 한다. 몇 cm로 잘라야 할까?'

두 아이들의 답을 살펴보겠습니다. 아이들이 어떤 실수를 했는지 설명해 보세요.

A.

$$7\overline{)749} = 17 \quad \text{(17)}$$

B.

$$7\overline{)749} = 101 \cdots 2$$

A. 아이의 생각 : 7에 7이 한 번 들어가니까, 1을 적어야지. 4에는 7이 들어가지 못해. 그러니까 아무것도 쓰지 않고[이때, 그 자리에 0을 써야만 합니다.]. 49에는 7이 7번 들어가는구나. 그럼 7을 적어야지. 답은 17이야.

B. 아이의 생각 : 7에 7이 한 번 들어가는구나. 그럼 1을 쓰고. 4에는 7이 들어갈 수 없으니까 0을 쓰고. 9에는 7이 한 번 들어가고, 2가 남는구나. 그럼 1을 쓰고, 나머지는 2로군. 답은 101, 나머지 2야.

아이들이 잘못 얻어 낸 답을 보면, 정답에서 약간 벗어났을 뿐입니다. '0을 쓰고'를 '아무것도 쓰지 않고'로 잘못 이해한 것입니다. 또는 4 위에 0을 적고, 다음 숫자인 9로 옮겨가서는 4가 이미 계산이 끝났다고

착각을 한 것입니다(첫 번째 숫자인 7을 계산하고는 4 위에 숫자를 적었
기 때문에 4도 계산이 끝난 것으로 생각한 것입니다.).

우리가 계속 주장하고 있는 것은, 아이들이 숫자 하나하나에 집중하지
말고 수 전체를 생각하도록 해서 계산을 할 때 실수를 하지 않도록 하
는 것입니다. 여러분이 여기서 살펴본 바와 같이 숫자만을 다루는 기계
적인 풀이법은 실수를 일으키기 쉽습니다.

덩어리로 나누기

아래의 식은 어떤 아이가 $749 \div 7$을 계산한 것입니다. 요즘 아이들은
어떻게 나눗셈을 하는지 자세히 살펴보세요.

$$
\begin{array}{r}
7\overline{)749} \\
700 \quad \times 100 \\
\hline
49 \quad \times 7 \\
\hline
107
\end{array}
$$

무슨 일이 일어난 걸까요? 곱셈이 전개식으로 나열되어 있고, 아이는
전개식을 사용해서 나눗셈을 해결했습니다. 아이는 다음과 같이 생각
을 합니다.

● 749에서 7번 만들어 낼 수 있는 숫자는 무얼까?

- 글쎄. 100이 7개이면 700이니까 먼저 100을 얻을 수 있군[아이는 오른쪽에 ×100을 적는다.].
- 이제 49가 남는다.
- 7이 7개이면 49가 된다. 그러므로 7을 얻을 수 있다[다시 오른쪽에 ×7을 적는다.].
- 즉, 107이 7개이면 된다[100+7을 구한다.].

이러한 방법을 '덩어리로 나누기(chunking)' 또는 '묶기(grouping)'이라고 합니다. 어떤 수로 나눈다는 것은 그 수만큼 묶어서 빼는 것과 같습니다. 이 방법은 세로 나눗셈에도 사용할 수 있습니다.

스스로 평가

ⅴ) 덩어리로 나누기 1

위와 같은 방법으로 336을 8로 나누세요(즉, 8씩 묶어서 — 곱셈도 사용 — 빼세요.).

아이들의 머릿속 : 아이들은 어떤 방법으로 정답을 얻었을까?

아이들은 여전히 세로 나눗셈을 배우고 있습니다. 하지만 여러분은 아이들이 집에 가져와서 하는 나눗셈이 바로 그 나눗셈이라는 것을 알아차리지 못합니다. 아이들은 거의 뺄셈(또는 덩어리로 나누기)을 이용하여 계산을 합니다. 아이들이 배운 세로 나눗셈 계산법을 아래에 몇 개 제시하였습니다. 두 아이가 모두 정답을 얻었고, 다른 방법으로 푼 것처럼 보이지만, 결국은 같은 방법입니다. '756에서 24를 몇 번이나 뺄 수 있을까?' 아이들이 어떻게 답을 얻었는지 알아봅시다.

A.
```
  24 / 756
       240    10x
       ─────
       516    10x
       240
       ─────
       276
       240    10x
       ─────
        36
        24    1x
       ─────
        12

    답  31 나머지 12
```

B.
```
  24 / 756
       720   30x
       ────
        36
        24    1x
       ────
        12

   31 나머지 12
```

A. 이 아이는 24의 10배가 240임을 알고 있고, 계속해서(3번) 240을 빼서 36을 남겼습니다. 그리고 24를 한 번 더 빼서, 나머지 12를 얻었습니다. 그래서 몫은 10＋10＋10＋1＝31을 구했습니다. 12는 나머지입니다.

B. 이 아이는 '24가 10개면 240, 24가 20개면 480, 24가 30개면 720. 24가 40개면 너무 크네. 그러면 30개만 빼야지. 그리고 24를 한 번 더 빼면 되겠군.'이라고 생각했습니다. 두 번째 아이의 풀이가 좀 더 나은데요, 첫 번째 아이보다 약간 빠르기 때문입니다.

두 아이들은 모두, 단지 순서를 기억하여 문제를 푸는 것보다 자신 있게 풀 수 있는 방법을 사용했습니다. 이처럼 숫자를 계산할 때 아이들이 편안하게 느끼는 방법을 사용하도록 하는 것이 좋습니다. 특히 큰 수의 나눗셈에서 답이 무엇인가 대략적으로 감을 잡는 데에도 좋습니다. 이런 문제들을 풀면서 알게 된 여러 기술들은 수에 대한 성숙한 느낌을 갖는 데 꼭 필요합니다.

 스스로 평가

vi) 덩어리로 나누기 2

덩어리로 나누기를 이용하여 739 나누기 22를 푸세요(다시 말하면, 22씩 묶어 빼세요.).

 GAME **신비한 나눗셈**

100에서 999 사이의 수 중에서 하나를 생각하세요. 계산기에 여러분이 생각한 수를 두 번 입력하세요(만약 274를 생각했다면, 계산기에 274274를 입력하세요.). 여러분이 입력한 그 수는 정확히 7로 나누어질까요? 11로는 나누어질까요? 13으로는 나누어질까요?

언뜻 보기에 7, 11, 13으로 나누어지지 않을 것처럼 보입니다. 자연수를 크기 순으로 놓았을 때 7번째마다 7의 배수가 나오고, 13번째

마다 13의 배수가 나오기 때문입니다. 그렇지만 여러분이 만든 여섯 자리의 수가 정확히 7로도, 11로도, 또한 13으로도 나누어진다는 사실을 보장합니다.

어떻게 알 수 있을까요? abcabc와 같은 모양의 숫자(예를 들면, 274274)는 abc×1001을 한 것과 값이 같습니다. 이 경우에는 274× 1001이지요. 다시 말하면, abcabc는 항상 1001로 나누어집니다. 1001을 나눌 수 있는 숫자는 무엇일까요? 7, 11, 13입니다. 이 숫자들은 1001의 소인수입니다.

따라서 여러분이 872872나 195195 또는 그 밖의 다른 수의 조합들을 만들어도 항상 7, 11, 13으로 나누어진다는 사실을 알 수 있습니다. 수학은 항상 이런 것을 알려줍니다.

 스스로 평가

vii) 아래 답이 틀린 이유는 무엇일까요?

계산을 일일이 하지 않고, 아래 답이 틀린 이유를 알 수 있나요?

a. 223÷3=71

b. 71.8÷8.1=9.12

c. 161.483÷40.32=41.36

계산 이외의
수학

분수, 퍼센트, 소수

—

문제 $\frac{16}{64}$을 간단히 하여라.

답 $\dfrac{1\!\!\!/6}{6\!\!\!/4} = \dfrac{1}{4}$

아이는 독창적인 방법으로 접근했고, 이유는 틀렸지만 정답을 얻었습니다.
하지만 이처럼 수를 약분해서는 안 됩니다!

부모들은 수학의 골치 아픈 주제 가운데 하나로 분수를 자주 거론합니다. 하지만 아이들은 아주 어릴 때부터 간단한 분수 개념을 접하기 때문에 그다지 힘들어하지 않습니다. 아이들은 만 두 살쯤이 되면 생일은 좋은 것이라고 생각합니다. 칼을 사용하여 케이크를 반으로 나누면 자기가 먹을 케이크의 양이 얼마나 되는지, 계속 자를수록 케이크의 양이 얼마나 줄어드는지 직관적으로 알게 됩니다.

그러나 많은 어른들은 분수를 배우는 것만으로도 부모와 아이들이 수학에서 느끼는 어려움들을 쉽게 해결할 수 있다고 말합니다.

분수를 배울 때 아이들이 겪는 어려움

1. 절반은 항상 $\frac{1}{4}$보다 커야 한다고 생각한다(그렇다면 천원의 절반은 만원의 $\frac{1}{4}$보다 더 커야 하는데, 왜 그렇지 않을까?).

2. 뭔가를 여러 조각—예를 들어 5조각—으로 자른다면, 크기가 다르더라도 각 조각은 반드시 $\frac{1}{5}$이어야 한다고 생각한다. 많은 아이들은 절반을 '두 조각 중 하나'라고 생각한다.

3. 파이의 $\frac{1}{4}$은 항상 모양이 같아야 한다고 믿는다.

4. 절반, 0.5, 50%가 모두 같은 수를 나타낸다는 것을 알지 못한다.

분수란 무엇인가?

분수란 하나의 정수를 다른 정수로 나누었을 때 나타내어지는 수 중에서 정수가 아닌 수를 말합니다. 3 나누기 4는 분수이고, 10 나누기 3도 분수입니다. 분수의 윗부분은 분자, 아랫부분은 분모라고 부릅니다.

분수에는 두 가지 유형이 있습니다.

진분수 : 분자가 분모보다 작은 분수를 말합니다. 예를 들면 $\frac{3}{7}$은 진분수입니다.

가분수 : 분자가 분모보다 큰 분수를 말합니다. 예를 들면 $\frac{11}{5}$은 가분수입니다.

분모가 10, 100, 또는 그 밖의 10의 거듭제곱으로 표현되어지는 분수를 '소수'라고 합니다. $\frac{1}{10}$, $\frac{3}{100}$, $\frac{17}{1000}$은 0.1, 0.03, 0.017로 나타낼 수 있고 이들은 모두 소수입니다. 특히 관심을 갖고 살펴봐야 할 소수는 바로 퍼센트(per cent)입니다. 영어로 퍼센트는 '100으로 나눈'이라는 뜻입니다. 따라서 73퍼센트는 $\frac{73}{100}$ 또는 0.73으로 쓸 수 있으며, 일반적으로는 73%라고 씁니다. 이 단원의 후반부에서 소수와 퍼센트에 대하여 다룰 예정입니다.

아이들은 정수와 분수를 함께 표기하는 대분수도 배웁니다. 예를 들면, $4\frac{1}{2}$과 같은 수를 대분수라고 합니다.

무엇의 절반은? 음식을 이용하라

이제 우리는 $\frac{1}{2}$을 수 그 자체로서 생각하게 됩니다. 그러나 아이들이 처음 분수를 배울 때는 항상 '무엇의 절반은?'이라는 질문을 던지는 것이 좋습니다.

분수에 대한 개념을 정확히 이해하고, 이를 설명하기 위해서는 음식을 이용하면 편리합니다. 피자는 분수를 설명하기 위해서 발명된 것이라고 생각하는 사람들도 있습니다. 피자는 2등분, 4등분, 6등분 등 자유자재로 나눌 수 있기 때문입니다. 분수 문제 해결에 도움을 줄 수 있는 또 다른 음식으로는 한 팩의 소시지 또는 판 초콜릿(행과 열이 직사각형 모양으로 잘 배열되어 있는)이 있습니다. 자, 이런 음식들로 무장하고 분수 문제를 해결해 봅시다.

분수는 나눗셈의 결과이다

분수의 개념을 쉽게 이해할 수 있는 방법 중 하나는 음식을 공정하게 나눈 결과로 생각하는 것입니다. 다음의 예를 보세요.

- 4명의 아이들이 8개의 소시지를 똑같이 나누어 가지려고 한다. 그들은 각각 몇 개의 소시지를 먹을 수 있을까?

● 4명의 아이들이 3판의 피자를 똑같이 나누어 먹으려고 한다. 그들은 각각 얼마만큼의 피자를 먹을 수 있을까?

비록 위에 제시한 두 문제가 '몇 개'와 '얼마만큼'으로 서로 다른 걸 묻는 것 같지만 푸는 방법은 같습니다. 전체 양을 4로 나누면 됩니다.

$$8 \div 4 = 2(개)$$
$$3 \div 4 = \frac{3}{4}(판)$$

첫 번째 문제의 답도 분수로 나타낸다면, 이들 사이의 관계는 좀 더 분명해집니다.

$$8 \div 4 = \frac{8}{4}(=2)$$
$$3 \div 4 = \frac{3}{4}$$

분수를 나눗셈의 결과로 받아들이는 것은 아이들에게는 대단히 유용한 아이디어입니다. 이 때문에 나눗셈은 다른 어떤 계산들보다 가장 쉬운 계산이 되어 버립니다.

1234÷14는 얼마일까요?

아주 쉬워요. 답은 $\frac{1234}{14}$입니다. 질문 속에 답이 있어요!

아이들의 머릿속 :

아이들은 분수를 자신만의 독특한 방법으로 생각하기 때문에 종종 어려움을 겪습니다. 여러분은 아이들이 왜 실수를 했는지 알아낼 수 있습니까?

Q1 : 그림 A에서 색칠한 부분은 $\frac{3}{4}$이다. 그림 B에서 색칠한 부분은 $\frac{\square}{4}$이다. 이때, $\square$ 안에 들어갈 숫자는?

아이의 답 : 1

Q2 : 그림 A에서 색칠한 부분은 $\frac{1}{4}$이다. 그림 B에서 색칠한 부분을 분수로 나타내어라.

아이의 답 : $\frac{2}{4}$

첫 번째 질문에서, 아이는 $\frac{1}{4}$이라는 것을 특별한 모양의 정사각형으로 생각했습니다. 그래서 A에서는 색이 칠해진 정사각형이 3개였지만, B

에서는 오로지 하나의 정사각형만 칠해졌기 때문에 정답을 $\frac{1}{4}$로 생각 했습니다.

두 번째 질문에서, 아이는 $\frac{1}{4}$을 상대적인 양이 아니라 절대적인 양으로 생각하는 실수를 범했습니다. 정답은 $\frac{2}{8}$ 또는 $\frac{1}{4}$입니다.

보너스 팁

아이들이 분수를 부담 없이 느끼게 하려면, 막연하게 추상적으로 $\frac{1}{2}$, $\frac{1}{4}$, $\frac{1}{3}$ 이라고 하기보다는 케이크의 절반, 한 다스 연필의 $\frac{1}{4}$, 콜라 한 캔의 $\frac{1}{3}$ 등 과 같이 구체적인 물건을 예로 들어 분수를 이야기하는 것이 좋습니다. 그리 고 아이들이 공평함에 대한 감각을 갖도록 해서, 분수를 이루는 모든 조각들 은 같은 크기여야만 한다는 것을 이해하도록 해야 합니다. 절반보다 큰 절반 의 과자는 티타임에서나 좋아하지 수학 시간에는 전혀 환영받지 못합니다.

피자 공평하게 나누기

두 명의 아이에게 피자 한 판을 공평하게 나누어 먹으라고 하면, 아이 들은 더 큰 피자 조각을 고르기 위해서 다툼이 일어날 것입니다. 이 문 제를 해결하는 최고의 방법은 다음과 같습니다. 먼저 한 아이에게 피자

를 정확히 반으로 자르게 합니다. 그리고 나머지 아이에게 먼저 피자 한 조각을 고르게 합니다. 그러면 두 아이는 각자 절반의 피자를 똑같이 얻었다고 생각하게 됩니다. 하지만 세 명의 아이가 있는 경우에는 어떻게 해야 할까요?

가장 간단하면서 공평한 해결책은 다음과 같습니다. 첫 번째 아이가 $\frac{1}{3}$이라고 생각하는 만큼 잘라 그것을 두 번째 아이에게 줍니다. 그것을 받은 두 번째 아이는 자기가 받은 조각이 $\frac{1}{3}$ 이상이라고 생각하면 받고, 그렇지 않으면 남아 있는 피자 조각을 정확히 반으로 자릅니다. 그러고 나서 세 번째 아이부터 피자 조각을 가져가는데, 그 아이는 자기가 보기에 가장 크다고 생각되는 피자 한 조각을 먼저 가져갑니다. 그다음에는 첫 번째 아이 차례입니다. 첫 번째 아이는 자기가 자른 조각이 남아 있으면 그 조각을 가져가고, 남아 있지 않으면 남아 있는 조각 중 크다고 생각되는 조각을 집어 갑니다. 마지막으로 두 번째 아이가 남아 있는 조각 하나를 가져가면 됩니다.

휴! 간단하지 않군요. 하지만 각각의 아이들은 각자 자신이 최소한 $\frac{1}{3}$은 되는 피자 조각을 얻었다고 생각하게 됩니다. 하지만 실제로는 그렇게 간단하지 않습니다. 만약 첫 번째 아이가 $\frac{1}{3}$보다 크게 피자를 잘랐는데, 두 번째 아이가 그것을 가져가 버린다면 세 번째 아이는 부러움에 가득한 눈길로 바라볼 것입니다. 자신에게 먼저 기회가 주어졌다면 그것을 가질 수 있었을 테니까요.

간단해 보이는 피자에 관한 분수 문제이지만 실생활에서는 복잡해집니다!

분수 비교하기

$\frac{5}{8}$ 와 $\frac{5}{9}$ 중에서 어느 것이 더 클까요? 아이들은 단번에 알아내기 어렵습니다. 하지만 아이들에게 소시지를 나눠 주는 문제로 생각한다면 좀 더 쉽게 해결할 수 있습니다. 분자에 있는 수는 소시지의 개수이고, 분모에 있는 수는 아이들의 수입니다.

이제 아이들은 직관력을 발휘합니다. 만약에 5개의 소시지를 가지고 있는데, 이를 8명의 아이들에게 똑같이 나누어 주어야 한다고 합시다. 그런데 또 다른 아이가 한 명 오는 바람에 9명의 아이들에게 그 소시지를 나눠 주어야 하는 상황이 되었습니다. 그렇다면 아이들은 받을 수 있는 소시지의 양은 적어질까요, 아니면 많아질까요? 당연히 적어집니다. 그러므로 $\frac{5}{9}$ 는 $\frac{5}{8}$ 보다 작습니다. 이번에는 소시지를 좀 더 많이 요리하여 9명의 아이들에게 7개의 소시지를 주려고 합니다. 이럴 경우에, 아이들은 좀 더 많이 받을 수 있습니다. 즉, $\frac{7}{9}$ 은 $\frac{5}{9}$ 보다 큽니다.

이처럼 소시지를 이용하여 문제를 생각하면 분수의 대소 비교를 쉽게 할 수 있습니다.

 **스스로 평가**

ⅰ) 소시지 분수

소시지를 이용하여 주어진 한 쌍의 분수 중에서 더 큰 것을 고를 수 있을까요?

a. $\frac{6}{7}$ 과 $\frac{5}{7}$　　　b. $\frac{4}{11}$ 와 $\frac{3}{12}$　　　c. $\frac{3}{5}$ 과 $\frac{4}{7}$

분모와 분자가 동시에 더 커지거나 작아진 때는 분수의 대소를 비교하기 어려워집니다.

GAME 수 도미노로 이야기 만들기

책상 위에 수 도미노를 엎어 놓고, 그 가운데 하나를 뒤집습니다. 도미노에 적혀 있는 두 개의 수로 분수를 하나 만드세요. 자신이 만든 분수로 상황에 맞는, 좀 썰렁하지만 수학적인 이야기를 만드는 게임입니다.

예를 들어 ⟦⚂⚄⟧ 를 뒤집었다고 가정합시다. 이것은 $\frac{3}{5}$ 이거나 $\frac{5}{3}$ (또는 $1\frac{2}{3}$)가 될 수 있습니다. $\frac{3}{5}$ 으로 결정했다고 합시다.

"5마리의 배고픈 원숭이가 잘 익은 바나나 3개를 발견했다. 원숭이들은 이것을 똑같이 나누기로 하였다. 한 마리당 얼마만큼의 바나나를 먹을 수 있을까?"

"나는 올해 부활절 달걀 5개를 받았다. 하나를 먹고, 또 하나를 먹고, 다시 하나를 더 먹었더니 배가 아팠다. 배가 아플 때까지 내가 먹은 달걀의 양을 분수로 나타내면 어떻게 될까?"

분수를 간단히 나타내기(약분하기)

피자 한 판을 세 명이 나누어 먹기로 하였다면 가장 간단한 방법은 그림과 같이 3등분하는 것입니다.

그러나 모든 사람들이 이와 같은 방법으로 피자를 나누는 것은 아닙니다. 피자를 3등분하면 각 조각은 너무 크고, 피자를 들어 올렸을 때 축 처지기도 합니다. 따라서 실제로는 6조각으로 나눕니다. 그리고 각자 $\frac{2}{6}$씩 먹는 것이죠. 자세히 설명할 필요도 없이 당연히 $\frac{2}{6}$와 $\frac{1}{3}$은 같은 값입니다. $\frac{2}{6} = \frac{1}{3}$과 같이 식을 정리하는 것은 아주 기본적인 아이디어입니다. 이처럼 분수를 간단히 나타내는 것은 자주 이용되며, 분수의 계산을 훨씬 쉽게 하기 위해서 반드시 하는 방법을 알고 있어야 합니다.

분수를 간단히 나타내기 위해서는 분자와 분모를 동시에 나눌 수 있는 수(최대공약수)를 찾아내야 합니다(곱셈과 나눗셈 단원을 참조하세요.). 예를 들면, $\frac{10}{15}$을 간단히 나타내 봅시다.

$\frac{10}{15}$의 분자와 분모는 5로 나누어집니다. 그러므로 이를 계산하면 답은 $\frac{2}{3}$.

아니면, 분자와 분모를 소인수분해하여 다음과 같이 나타낼 수 있습니다.

$$\frac{10}{15} = \frac{2 \times 5}{3 \times 5}$$

이와 같이 소인수분해하여 분수를 나타내면 분자와 분모에 동시에 존재하는 약수를 쉽게 지울 수 있기 때문에 분수를 간단히 나타내기가 아주 편합니다. 이 경우에는 5를 약분하여 $\frac{2}{3}$ 가 됩니다.

$$\frac{10}{15} = \frac{2 \times \cancel{5}}{3 \times \cancel{5}}$$

(만약 뭔가를 지우는 과정이 맘에 들지 않는다면, 다른 방법도 있습니다. (2×5)÷(3×5)는 $\frac{2}{3} \times \frac{5}{5}$ 와 같고, 이것은 $\frac{2}{3} \times 1$입니다. 이렇게 계산하면, 어떤 수도 신비롭게 '지워지지' 않고 계산은 더 쉬워집니다.)

복잡한 분수

아이들과 함께 분수 약분하기를 연습하기 전에, 복잡한 분수들을 다뤄 보면 어떨까요? 피자를 자를 때 좀 더 잘게 나눠 봅시다. $\frac{1}{3}$ 은 $\frac{2}{6}$ 또는 $\frac{3}{9}$, 심지어는 $\frac{1000}{3000}$ 도 됩니다. 이렇게 자른 피자 한 조각은 얼마나 얇을까요? 좀 멍청해 보이는 이런 작업에서 얻고자 하는 것은, 모양은 다른 분수이지만 같은 수를 나타내고 있다는 것을 아이들이 느끼게 하려는 것입니다. 이것은 이해하기 어려운 개념입니다. 예를 들면, 우리가 사용하는 십진 체계에서는 36이라는 수와 12라는 수는 전혀 다른 수를 나타내지만, 분수에서 $\frac{3}{6}$ 과 $\frac{1}{2}$ 은 같은 수를 나타냅니다. 그러므로 실제로는 같은 수를 나타내는 분수이지만 아주 복잡해 보일 수 있다는 사실을 아이들이 자연스럽게 받아들이기 위해서는 복잡한 분수를 간단하게 나타내는 상황을 제공해 주어야 합니다.

스스로 평가

ⅱ) 수가 큰 분수 약분하기

아래 분수를 약분하여 간단히 나타내세요.

$$\frac{45 \times 44 \times 43 \times 42 \times 41 \times 40}{6 \times 5 \times 4 \times 3 \times 2 \times 1}$$

(보너스! 여러분은 이 분수가 무엇을 의미하는지 알고 있나요?)

어려운 분수 비교하기

어떤 분수는 대소를 비교하기 어렵습니다. 소시지 나누기를 이용해도 $\frac{3}{5}$이 큰지 $\frac{4}{7}$가 큰지 알아내기가 쉽지 않습니다. 이 경우에는 판 초콜릿을 이용하면 편리합니다. 자, 가로 세로 각각 5개, 7개로 쪼갤 수 있는 초콜릿을 가지고 있다고 상상해 봅시다. 초콜릿은 아래 그림과 같이 5개의 행과 7개의 열로 이루어져 있습니다.

그러므로 $5 \times 7 = 35$개의 덩어리로 이루어져 있습니다. 이제 $\frac{3}{5}$이 어느 정도의 양인지 알아내기 쉽습니다. 이것은 다섯 개 중에 세 개, 즉 3개의 행을 말하며 21개입니다. $\frac{4}{7}$는 7개 중에서 4개에 해당하는 4개의 열을 말합니다. 즉, 20개입니다. 그러므로 $\frac{3}{5}$이 더 큽니다. 왜냐하면 $\frac{21}{35}$이 $\frac{20}{35}$보다 더 크기 때문입니다.

판 초콜릿을 이용하여 문제를 풀 때는 두 개의 분모가 같아지도록(공통의 분모가 되도록) 분수의 모양을 바꿔야 합니다. 이렇게 하면 대소 비교도 쉬울 뿐 아니라 덧셈과 뺄셈도 편리하게 할 수 있습니다.

분수의 덧셈

판 초콜릿을 이용하면 분수의 덧셈도 할 수 있습니다.

예를 들어 $\frac{3}{4} + \frac{4}{5}$를 계산해 봅시다. 먼저 공통분모를 찾아야 합니다. 이 경우에는 $4 \times 5 = 20$입니다.

- $\frac{3}{4} = \frac{3 \times 5}{4 \times 5} = \frac{15}{20}$

- $\frac{4}{5} = \frac{4 \times 4}{5 \times 4} = \frac{16}{20}$

- 새로 고친 분수들을 더한다.

  $\frac{15}{20} + \frac{16}{20} = \frac{31}{20}$ ($\frac{31}{20}$은 더 이상 간단히 할 수 없으며, $1\frac{11}{20}$로 나타낼 수 있다.)

분수가 등장하는 곳

사용하는 용어도 어렵지만, 분수를 어렵게 느끼는 또 다른 이유는 아이들이 만나게 되는 일상생활 전반에서 분수와 관련된 문제들이 많이 등장하기 때문입니다. 피자 $\frac{3}{4}$ 조각처럼 분수는 하나의 개체를 의미하지는 않습니다.

다음 상황은 모두 $\frac{3}{4}$ 을 나타냅니다.

- 배고픈 4명의 아이들이 피자 세 판을 똑같이 나누어 먹으려고 한다. 각각 얼마만큼 피자를 먹을 수 있을까?
- 아래 그림에서 흰색 점은 전체의 몇 분의 몇인가?

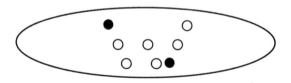

● 아래 그림에서 흰색 점에 대한 검은색 점의 비는 얼마인가?

 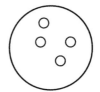

● 우리 집에서 할머니 집까지는 3킬로미터이고, 삼촌 집까지는 4킬로미터이다. 할머니 집까지의 거리는 삼촌 집까지의 거리를 기준으로 몇 분의 몇인가?

● 아기 돌고래는 매일 세 마리의 물고기를 먹고, 어미 돌고래는 네 마리의 물고기를 먹는다. 아기 돌고래가 먹는 물고기의 양은 어미 돌고래가 먹는 양과 비교할 때, 몇 분의 몇인가?

● 현정이는 100원짜리 동전 2개를 위로 던졌다. 바닥에 떨어진 동전들 중 적어도 하나가 뒷면이 보일 확률은 얼마인가?

● 아래 수직선에서 화살표가 가리키는 곳에 알맞은 수는?

 스스로 평가

iv) 현명한 사람과 낙타

어느 노인이 세 명의 아들들에게 자신이 가지고 있던 낙타 17마리를 남기고 죽었습니다. 그의 유언에 따르면 낙타의 절반은 첫째 아들에게, $\frac{1}{3}$ 은 둘째

아들에게, $\frac{1}{9}$ 은 셋째 아들에게 주도록 되어 있었습니다. 아들들은 모여서 낙타를 나누기로 하였습니다. 그런데 문제가 생겼습니다. 17은 2로도 3으로도 9로도 나누어지지 않았기 때문입니다. 그들은 아버지의 뜻을 따르기 위하여 어쩔 수 없이 낙타 몇 마리를 잘라야 하는 상황에 처했습니다(낙타도 원하지 않았을 것입니다.). 그러던 어느 날 어떤 현명한 사람이 그들의 어려움을 전해 들었습니다. 그는 "걱정하지 마시오. 나에게 낙타 한 마리가 있으니 당신들에게 빌려 주겠소. 그러면 낙타가 18마리가 되니, 잘 나누면 될 것이오."라고 말했습니다. 아들들은 낙타를 죽이지 않고 나눌 수 있어 기뻤습니다. 먼저 첫째 아들은 낙타의 절반을 갖습니다(9마리). 둘째 아들은 $\frac{1}{3}$ 을 갖습니다(6마리). 그리고 셋째는 $\frac{1}{9}$ 을 갖습니다(2마리). 아들들이 가진 낙타의 총마릿수는 9+6+2=17마리이고, 낙타 한 마리가 남게 됩니다. "이제 여러분은 아버지의 유언에 따라 낙타를 나눠 가졌고, 나는 다시 내 낙타를 가져가면 됩니다." 현명한 사람은 이렇게 말하며 세 아들 곁을 떠났습니다. 어떻게 해결한 것일까요?

분수의 곱셈

분수의 곱셈에 대한 대략적인 내용을 요리를 예로 들어 설명하겠습니다. 여러분은 $\frac{3}{8}$ 킬로그램의 절반에 해당하는 어떤 재료가 필요합니다. '의'라는 말은 곱셈이 필요하다는 뜻입니다. '~의 $\frac{1}{3}$ ', '~의 20퍼센트'와 같이 '의'라는 말이 나올 때는 곱셈을 해야 합니다.

'$\frac{4}{7}$의 $\frac{1}{3}$'을 어떻게 구할 수 있을까요? 초콜릿을 이용하면 편리합니다. 아래 그림에서 색깔이 칠해진 네모가 $\frac{4}{7}$를 나타냅니다. 이들 중, 검은색 네모가 $\frac{4}{7}$의 $\frac{1}{3}$입니다.

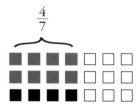

그러므로 $\frac{4}{7}$의 $\frac{1}{3}$은 $\frac{4}{21}$입니다.

임의의 두 분수가 주어졌을 때 곱셈을 하는 방법은 다음과 같습니다 ($\frac{1}{3} \times \frac{4}{7}$를 예로 들겠습니다.).

- 분자끼리 곱한다($1 \times 4 = 4$).
- 분모끼리 곱한다($3 \times 7 = 21$).

그래서 다음과 같이 적습니다.

$$\frac{1}{3} \times \frac{4}{7} = \frac{1 \times 4}{3 \times 7} = \frac{4}{21}$$

분수의 나눗셈

$\frac{1}{2} \div \frac{1}{3}$의 답은 무엇일까요?

'위 아래 바꾸기'라는 방법이 희미하게(또는 또렷하게) 기억나나요? 어떤 엄마는 다음과 같은 규칙을 기억하고 있었습니다.

'왜냐고 묻지 말고, 뒤집어서 곱하라.'

- 그래서 $\frac{1}{2} \div \frac{1}{3} = \frac{1}{2} \times 3$ 로 계산한다(일단은 믿으세요.).
- 그리고 $\frac{1}{2} \times 3 = \frac{3}{2} = 1\frac{1}{2}$ 가 된다.
- 그러므로 답은 $\frac{1}{2} \div \frac{1}{3} = 1\frac{1}{2}$ 이다.

위의 규칙은 옳습니다. 이 규칙을 그대로 따랐기 때문에 계산 결과 나온 $1\frac{1}{2}$ 은 정답입니다. 그러나 잠깐 생각해 봅시다. 위 식을 보면, $\frac{1}{2}$ 로 시작해서 $1\frac{1}{2}$ 로 끝났습니다. 이 식을 본 대부분의 사람들은 "봐! 수학은 아무 의미 없이 시작하잖아."라는 반응을 보입니다.

그럼 이번에는 실제 상황에서 이 계산의 의미를 살펴볼까요? 팬케이크를 만들기 위해 레시피를 살펴보니, 반죽 한 덩어리에 우유 $\frac{1}{3}$ 통을 사용하라고 적혀 있었다면(여기서 달걀이나 밀가루의 양은 다루지 않습니다.), 우유 한 통을 전부 사용했을 때 반죽을 몇 덩어리 만들 수 있을까요? 답은 세 덩어리입니다.

어떻게 알아냈죠? $\frac{1}{3}$ 통은 한 통에 세 번 들어가기 때문입니다. 같은 방법으로 '2는 8에 4번 들어간다.'를 나눗셈으로 $\frac{8}{2} = 4$ 라고 나타낼 수 있습니다. $\frac{1}{3}$ 은 1에 세 번 들어가기 때문에 나눗셈으로 $1 \div \frac{1}{3} = 3$ 이라고 쓸 수 있습니다.

그렇다면 $\frac{1}{2} \div \frac{1}{3}$ 의 답도 좀 더 명확해집니다.

- '$1 \div \frac{1}{3}$'은 1에 $\frac{1}{3}$이 세 번 들어간다.
- '$\frac{1}{2} \div \frac{1}{3}$'은 $\frac{1}{2}$에는 $\frac{1}{3}$이 세 번 들어 있는 것의 절반, 즉 $\frac{1}{3}$이 $1\frac{1}{2}$번 들어간다.

소수와 퍼센트

소수와 퍼센트는 $\frac{1}{2}$이나 $\frac{3}{4}$ 같은 분수와는 뭔가 다른 숫자처럼 여겨집니다. 그것은 표기하는 방법이 다르기 때문인데요, 0.5나 50%라는 말은 $\frac{1}{2}$과는 아주 다르게 보입니다. 하지만 근본적으로는 똑같습니다. 그렇다면 왜 다른 방법으로 표기해서 헷갈리게 할까요? 이 숫자들이 모두 $\frac{1}{2}$을 나타낸다면 항상 $\frac{1}{2}$로 쓰면 안 될까요?

소수나 퍼센트로 나타내면 대소 관계를 쉽게 알 수 있고 계산 또한 편리하기 때문입니다. $\frac{4}{7}$와 $\frac{2}{3}$의 대소를 비교하기 어려웠던 것 기억하시죠? 소수와 퍼센트를 사용하면 두 수의 비교가 훨씬 쉬워집니다.

아이들의 머릿속:

다음 수를 가장 큰 수부터 차례대로 적어라 : 0.8   0.65   0.6

아이의 답 : 0.65   0.8   0.6

어떤 아이들은 소수를 65, 8, 6과 같이 읽습니다. 그래서 65를 제일 앞에 놓은 것입니다. 이런 문제를 해결하기 위해서는, 다음과 같이 해당되는 자릿수 위치에 각 숫자를 배치하고, 빈 자리에는 0을 적어 넣어 비교하면 됩니다.

	소수 첫째 자리	소수 둘째 자리	소수 셋째 자리
0.8	8	0	0
0.65	6	5	0
0.6	6	0	0

이렇게 하면 자연스럽게 십의 자리, 백의 자리, 천의 자리에 대한 개념과 연결되며 소수의 대소 비교를 좀 더 쉽게 할 수 있습니다.

퍼센트 문제

퍼센트는 소수를 좀 더 쉽게 다루기 위한 것으로, 특히 비교할 때 편리합니다. 퍼센트는 분수를 0과 100 사이의 숫자로 바꿔서 다루기 편하게 만든 것입니다. 따라서 가장 대중적으로 사용되는 분수의 또 다른 모습이라고 할 수 있습니다. 퍼센트는 어느 곳에서나 사용됩니다. 물가 상승률, 실업률 등을 나타낼 때 사용되고, 그 밖에 다른 여러 가지 통계 결과를 나타내는 데도 사용됩니다. 이러한 퍼센트도 부모와 아이들에게 골치 아픈 문제를 일으킵니다. 어떤 문제를 일으킬까요?

퍼센트는 기본적으로 주어진 '것'이 있어야 생각할 수 있습니다. '160의 20%를 구하시오.' '80의 25%는 얼마인가요?' 등과 같이, 어떤 것의 몇 퍼센트라고 계산하는 이유는 퍼센트가 비교를 위하여 고안되었기 때문입니다.

제니는 영어 시험에서 25문제 중 21개의 정답을 썼고$\left(\frac{21}{25}\right)$, 수학 시험에서는 20문제 중 16개의 정답을 적었다고$\left(\frac{16}{20}\right)$ 합니다. 그렇다면 그녀는 영어와 수학 중에서 어느 것을 더 잘하는 걸까요? 아이들이 저지르기 쉬운 실수 중 하나는, 제니가 각각의 시험에서 4개 틀렸기 때문에 두 과목의 실력이 같다고 생각하는 것입니다. 시험의 문항 수를 극단적으로 바꿔 보면 이러한 주장의 오류를 쉽게 찾을 수 있습니다. 정답률이 $\frac{1}{10}$인 것과 $\frac{91}{100}$인 것은 실력이 같을까요? 두 과목의 실력을 비교하려면 점수를 공통적인 잣대 위에 놓아야 합니다. 각각의 점수를 100을 기준으로 하는 숫자로 바꾸면 됩니다. $\frac{21}{25}$을 $\frac{84}{100}$로 바꾸고, $\frac{16}{20}$을 $\frac{80}{100}$으로 바꾸는 것입니다. 이제 제니는 영어를 더 잘한다는 사실이 명백해졌습니다.

아이들(그리고 어른들)의 머릿속 :

아이들이 퍼센트를 배우면서 어려워하는 사항들을 다음과 같이 두 가지로 정리할 수 있습니다. 실제로 많은 부모들도 어렵게 생각합니다.

1. 퍼센트는 단순히 숫자를 더하고 빼는 분수로만 사용되는 것이 아니라

어떤 양이 얼마나 많이 증가하고 감소했는가를 나타내기 위해서도 사용됩니다. 예를 들어 봅시다. 어떤 회사에서는 생산하는 제품의 가격을 5% 올렸습니다. 원래의 가격이 48,000원일 때, 5% 올리기 위해서는 48000 곱하기 $\frac{5}{100}$ 를 하고(2,400원) 원래의 가격에 더해야 합니다(48000 + 2400 = 50400).

2. '100%'는 일반적으로 '모든 것'을 의미합니다. 그럼 무언가가 200% 증가되었다는 것은 무슨 뜻일까요? 또, 짐바브웨에서 수백만 퍼센트의 인플레이션이 있었다는 것은 과연 무슨 의미일까요?(축구 선수들이 '110% 팀에 전념했다.'라고 주장할 때가 있는데, 이는 별 도움이 되지 않았다는 것입니다.) 사실, 퍼센트는 100으로 나누어졌다는 의미만 갖고 있다면 아무 값이나 가질 수 있습니다. 무언가가 200%가 증가했다는 말은 두 배가 증가되었다는 말입니다. 100원이 200% 증가하면 200원 증가했다는 말이며, 이것의 전체 양은 100원 곱하기 3을 의미합니다.

여러분은 가끔 일상생활에서 다음과 같은 퍼센트 문제를 만나곤 합니다. '이 가격에서 30% 할인하면 얼마일까?' 계산을 쉽게 하기 위해서는 항상 10%에서 출발하는 것이 좋습니다. 예를 들면 120의 10%는 12입니다. 10%를 기준으로 해서 퍼센트를 늘리거나 줄이면서 계산하면 됩니다. 120의 5%는 10%의 절반이니까 6입니다. 반면에 120의 30%는 10%의 세 배이니까 36입니다.

스스로 평가

v) 퍼센트

a. 220명의 부모들을 대상으로 한 최근의 조사에서, 33명이 학교 교복에 반대한다는 발표가 있었습니다. 퍼센트로 나타내면 얼마일까요?

b. 당신은 최근에 45,000원을 주고 토스터기를 샀습니다. 여름맞이 세일에서 같은 토스터기의 가격을 40% 할인한다고 합니다. 할인된 가격은 얼마일까요?

c. 큰길에 있는 어떤 가게에서는 손님들에게 선택 할인 행사를 벌이고 있습니다. 기본 가격에서 10%를 할인하고 부가가치세를 붙일 수도 있고, 처음에 부가가치세를 붙이고 전체 가격에서 10%를 할인할 수도 있습니다. 여러분이라면 어떤 선택을 하겠습니까?(계산을 쉽게 하기 위해서 부가가치세는 20%를 붙인다고 합시다.)

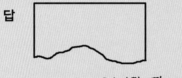

문제 다음 도형이 사각형이 아닌 이유를 써 보세요.

답

원래는 사각형인데 찢어져서

도 형과 각은 고대 그리스에서 시작되었습니다. 삼각형, 오각형과 같은 도형은 아름다운 무늬를 만들어 내기도 하고, 수학이 갖고 있는 시각적이고 예술적인 면을 엿볼 수 있는 도구가 되기도 합니다. 또한 도형을 공부하다 보면 상당히 많은 양의 추론과 시각화를 접할 수 있기 때문에, 아이들이 도전해 볼 만한 가치가 있습니다. 수학자들은 도형 자체에도 흥미를 느끼지만, 공간에서 도형의 위치를 어떻게 나타낼 것인가에 대해서도 관심이 많습니다. 바로 이것이 인간이 달에 가는 것을 가능하도록 만든 수학의 힘입니다. 앞으로 아이들은 지도와 그래프에서 중요한 역할을 하는 좌표 체계에 대하여 배울 것입니다.

도형, 대칭, 각을 배울 때
아이들이 겪는 어려움

1. 각의 크기를 결정하는 것은 변의 길이라고 생각한다.

A   B

(위 그림에서 아이들은 각 B가 각 A보다 더 크다고 생각한다.)

2. 정사각형은 직사각형이라는 사실을 알지 못한다(그러나 모든 직사각형이 정사각형인 것은 아니다.).

3. 육각형은 항상 아래 그림과 같다고 생각한다.

그리고 아래 그림은 육각형이 될 수 없다고 생각한다.

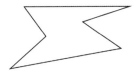

GAME 찾았다!

집 안이나 거리, 여러분이 움직이는 곳마다 재미있는 도형이 있습니다. 어떤 도형들은 모든 곳에서 발견되기도 합니다. 여러분이 앉아 있는 방 안을 둘러보세요. 어렵지 않게 다양한 모양의 직사각형과 여러 개의 원을 발견할 것입니다. 그러나 그 밖의 도형은 그다지 눈에 띄지 않습니다. 이번에 소개하는 '찾았다!' 게임을 통해서 여러 가지 도형을 발견해 보십시오. 이 게임은 모양이 다른 도형을 찾아낼 때마다 각기 다른 점수를 얻는 게임입니다. 차를 타고 이동할 때 아이들과 함께 해 보는 것도 좋습니다.

길 안내 표시판과 지붕은 거의 공통적으로 삼각형입니다(놀랍게도 집 안에서 삼각형을 발견하기란 쉽지 않습니다. 하지만 모퉁이의 계단, 소켓 안에 들어 있는 스위치의 옆면은 삼각형입니다.). **점수 : 1점.**

오각형 모양의 물건이나 건물은 많지 않습니다. 미국 워싱턴 DC에 있는 국방부 건물은 매우 희귀한 예입니다. 그러나 여러분이 조금만 관심을 기울이면 의외의 곳에서 흔하게 발견할 수 있습니다. 대부분의 축구공에는 오각형 무늬가 있습니다. 사과를 가로로 잘라 보세요. 5개의 씨가 정오각형 모양을 이룹니다. 껍질을 벗기지 않은 바나나를 반으로 잘라 보세요. 단면의 모양이, 약간 휘어졌지만, 오각형 모양을 이루고 있습니다. 길고 가는 종이 띠를 가져다가 매듭 한 개를 만들어 살살 눌러 평평하게 만들어 보세요. 매듭은 정오각형 모양이 됩니다(이것을 들어 불빛에 비춰 보면, 좀 더 확실히 알 수 있습니다.). **점수 : 5점.**

벌집은 정육각형 모양으로 이루어졌지만, 쉽게 눈에 띄지는 않습니다. 하지만 주사위—반드시 주사위일 필요는 없습니다. 정육면체이기만 하면 됩니다.—의 한쪽 끝을 자신 쪽으로 향하게 해서 보면, 주사위의 외곽선은 육각형 모양으로 보입니다. 축구공 표면에도 육각형이 있고 대부분의 연필도 육각기둥입니다. **점수 : 4점.**

정사각형을 겹쳐서 만들 수 있는 정팔각형은 벽난로와 길에 까는 타일로 많이 이용되었습니다. 또한 교회와 그 밖의 대형 건물도 팔각형 공간으로 되어 있는 경우가 있습니다. 팔각형 모양은 정사각형에서 네 귀퉁이만 제거하면 되기 때문에 건축하기 쉽습니다. **점수 : 5점.**

변의 개수가 8개보다 많은 도형을 찾기는 매우 어렵습니다. 물컵이나 일부 건물 중 이런 모양을 찾을 수 있고, 가끔은 외국 동전에서도 발견됩니다. 캐나다의 1달러 동전 — 루니(loonie)라고 합니다. — 은 아주 독특하게도 11각형입니다. 또한, 오스트레일리아의 50센트 동전과 옛날 영국에서 사용했던 3펜스짜리 동전*은 모두 12각형입니다. 또한 축제 마당의 한 자리를 차지하고 있는 회전목마의 바닥은 16각형입니다. 그런데 이러한 도형을 발견하기 힘든 이유는 무엇일까요? 사실 이런 도형들은 거의 원에 가깝고, 이들 도형이 가지고 있는 많은 변을 일일이 그리는 것보다는 원을 그리는 것이 편하기 때문이겠죠. **점수 : 20점.**

테셀레이션 – 빈틈없이 이어 붙이기

대부분의 정다각형은 여러 개를 이어 붙이면 꼭 들어맞기 때문에 바닥 타일, 퀼트, 기타 장식용품 등에 사용됩니다. 이처럼 여러 개를 꼭 들

---

* 영국에서 1971년까지 사용되었다고 합니다.

어맞게 붙이는 것을 테셀레이션(tessellation)이라고 합니다. 이 작업은 기하학 연구의 새로운 시작이 되기도 하지만, 아이들이 예술과 공예의 진가를 제대로 느낄 수 있는 수학의 한 영역이기도 합니다. 테셀레이션 은 수학적인 작업을 하면서도 전혀 수학을 하고 있다는 느낌을 주지 않 습니다.

가장 흔히 볼 수 있는 테셀레이션은 정사각형과 직사각형으로 이루어 진 것들입니다. 대부분의 부엌 바닥이나 벽, 거리의 보도블록 등은 이런 모양입니다. 이 밖에 다른 모양으로 이루어진 재미있는 테셀레이션이 있 습니다.

임의의 삼각형을 생각해 봅시다. 여러분은 이 삼각형으로 바닥을 빈틈 없이 채울 수 있습니다. 아래 그림과 같이 가장 긴 변을 맞붙여 보세요.

그러면 위와 같이 사각형이 됩니다. 사각형의 경우에는 그 어떤 모양 으로도 바닥을 빈틈없이 채울 수 있습니다. 정사각형부터……

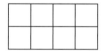

임의의 사각형까지.

심지어 스타트랙 배지 모양도 가능합니다(곧은 변을 가지고 있는 경우에 한합니다.).

귀여운 꿀벌이 정육각형도 가능하다고 알려주네요.

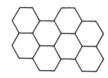

정오각형은 불가능합니다. 도저히 어쩔 수 없는 틈이 생기는군요.

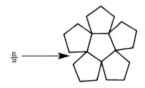

하지만 정오각형이 아닌 경우에는 가능하기도 합니다. 테셀레이션이 가능한 오각형을 찾아내는 방법은 아주 간단합니다. 두 변이 서로 평행하기만 하면 됩니다. 예를 들면 아래 그림의 오각형은 테셀레이션이 가능합니다.

위 오각형으로 테셀레이션을 한 모양입니다. 재미있게도 바닥에 깔린 타일이 마치 3D와 같은 효과를 내고 있습니다.

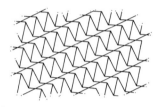

보너스 팁

과자나 쿠키를 찍는 틀은 보통 원형입니다. 그래서 모양을 찍고 나서도 남은 반죽을 다시 밀어야 합니다. 테셀레이션을 비스킷 만들기에 적용해 보면 어떨까요? 요즘에는 삼각형, 다이아몬드 모양, 심지어는 육각형 모양의 쿠키 틀이 등장했습니다. 반죽을 낭비하지 않는(가장자리 부근은 예외입니다.) 육각형 비스킷을 만들어 보세요. 점토로도 같은 작업을 해 볼 수 있지만, 완성품을 만든 후에 먹는다면 더 기분이 좋겠죠?

ⅰ) 타일 깔린 바닥

육각형 타일이 깔린 바닥을 생각해 봅시다. 이웃하는 타일끼리는 다른 색깔

이 되어야 한다면 최소 몇 가지 색의 타일이 필요할까요?

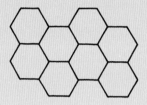

정다면체

정다면체는 각 면이 정삼각형, 정사각형, 정오각형으로 이루어지며,

모두 5개뿐입니다. 정삼각형으로 이루어지는 정다면체는 다음의 세 개

입니다.

정사면체

— 4개의 정삼각형이 피라미드 모양을 이룬다.

정팔면체

ー 8개의 정삼각형으로 이루어져 있다.

정이십면체

ー 20개의 정삼각형으로 이루어져 있다.

나머지 두 개의 정다면체는 다음과 같습니다.

정육면체

ー 6개의 정사각형으로 이루어져 있다.

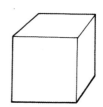

정십이면체

ー 12개의 정오각형으로 이루어져 있다.

전개도

초등학교 수학 시간에는 평평한 도형을 접어서 3차원 모형을 만드는 작업을 많이 합니다. 열두세 살 정도가 되면 아이들은 '전개도'를 배우게 됩니다. 두꺼운 상자를 펼쳐서 평평하게 하거나 여러 개의 다각형이 연결된 종이를 접어서 3D모형을 만들기도 합니다. 그러다가 정육면체나 기타 여러 각기둥의 전개도를 그리게 됩니다.

아래 그림은 정육면체의 전개도입니다.

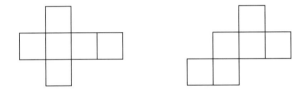

아무렇게나 6개의 정사각형을 연결한다고 해서 정육면체의 전개도가 그려지는 것은 아닙니다. 예를 들면, 아래의 전개도는 올바르지 않습니다.

위 전개도로 정육면체를 만들어 보세요. 아무리 애를 써 봐도 두 개의 정사각형이 겹쳐집니다.

이런 사실이 쉽게 상상이 되나요? 만약 그렇다면 당신은 행운아입니다. 대부분의 아이들은(어른들도) 실제로 한 조각 한 조각 접어서 입체 모형을 만들어 봐야만 알 수 있습니다. 일반적으로 수업 시간에는 전개도를 접을 시간과 기회가 주어집니다. 하지만 시험 시간에는 머릿속으로만 해야 합니다. 연습만이 살 길입니다.*

보너스 팁

집에서는 다음과 같은 방법으로 전개도에 대한 연습을 할 수 있습니다. 먼저 시리얼 상자 6개의 면을 모두 잘라 냅니다. 그리고 이를 재배치해서 테이프로 다시 붙입니다. 그래서 원래 상자를 다시 만들 수 있는 전개도를 완성합니다. 이렇게 만들 수 있는 전개도는 몇 가지나 될까요? 생각보다 그 가짓수가 엄청납니다.

직업으로 전개도를 디자인하는 사람들도 있습니다. 예를 들면 시리얼 상자 뒤에 인쇄되어 있는 3D 모형('A를 B에 끼워 넣으시오.' 같은 설명이 들어 있는) 디자인이 그 예가 됩니다. 여러분은 집에서 설명을 따라 종이를 접으면서 즐거움을 느끼는 창의적인 활동을 하게 됩니다. 또한 판지를 사용해서 여러분만의 주사위를 만들 수도 있고, 보물 상자(상자 윗부분이 구부러진)를 만들 수도 있습니다. 하지만 왜 아이들과 함께 이런 놀이를 하지 않나요? 왜 이런 재미있는 작업을 하지 않는 것일까요? 여러분은 삼각형으로 이루어진 아래 전개도를 접으면 지구 모형(정이십면체)이 만들어진다는 것이 믿어지나요? 모든 가정에 지구본이 있을 것입니다.

---

* 우리나라 교육 과정에서는 교구나 컴퓨터, 계산기를 이용한 평가가 가능하도록 하고 있습니다.

하지만 전개도를 접어 만들어진 지구본이 있다면, 얼마나 멋질까요?(아래 그림과 같은 전개도는 인터넷에서 쉽게 찾을 수 있습니다.)

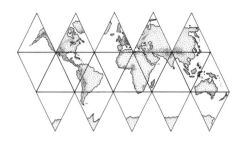

ii) 어떤 전개도일까?

아래의 전개도를 접어 입체 도형을 만들려고 합니다. 어떤 도형이 될까요?

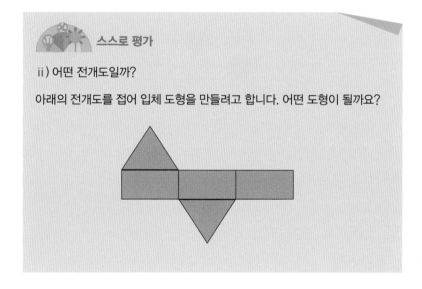

축구공과 육각형

사람들은 축구공이 어떻게 생겼는지 알고 있습니다. 축구공의 모양은 여러 가지인데요, 가장 많이 알려져 있는 공은 1970년 FIFA 월드컵부터 사용한 '텔스타'로, 까맣고 하얀 도형이 표면을 뒤덮고 있습니다. 여러분은 축구공을 보지 않고 그릴 수 있습니까?

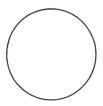

뭔가를 생각해 내려 애쓰기는 하지만 결국에는 대부분 아래와 같이 그리고 맙니다.

어떤가 볼까요? 틀렸군요. 대부분의 사람들은 축구공이 정육각형으로만 이루어져 있다고 생각합니다. 삽화가, 만화가, 심지어는 영국 전역에 있는 축구 경기장 도로 표지판을 디자인한 공무원조차 이런 실수를 합니다. 정육각형은 평평하게 깔 때만 빈틈없이 채워집니다. 만약 축구공의 표면을 정육각형으로 덮으려면, 여기저기 튀어나오고 쭈글쭈글해질 것입니다.

이제 진짜 축구공을 봅시다.

실제로 축구공은 정육각형과 정오각형 — 정확하게 말하면, 20개의 정육각형과 12개의 정오각형 — 으로 덮여 있습니다.

정이십면체를 이용하면 축구공을 만들 수 있습니다. 정이십면체는 정삼각형으로 이루어진 면이 20개 있고, 12개의 귀퉁이(수학에서는 꼭짓점이라고 합니다.)가 있는데, 여기서 각 귀퉁이를 잘라 내면, 단면은 정오각형이 됩니다.

12개의 귀퉁이를 모두 잘라 내면,
눈에 익숙한 모양이 나타납니다.

위와 같이 잘라내는 작업을 통하여 얻어진 다면체를 '준정이십면체'라고 합니다. 하지만 간단히 축구공이라고 부르면 더 많은 사람들이 잘 이해합니다.

앞에서 설명했던 '찾았다!' 게임을 3차원 도형 찾기 게임으로 확대할 수 있습니다. 원을 포함하는 도형이 가장 흔한데, 구와 원기둥은 여러 곳에서 발견됩니다(공, 파이프, 음식 저장통, 빗자루 손잡이 등등). 정육면체도 아주 흔하고(특히 작은 정육면체로는 각설탕과 주사위가 있습니다.), 삼각기둥 또한 지붕에서 쉽게 발견됩니다(유명한 초콜릿 포장도 삼각기둥입니다.). 하지만 사각뿔인 피라미드 모양은 찾아내기 힘들고(티백 포장된 차 종류 정도.), 정십이면체와 같은 특이한 도형은 거의 발견하기 어렵습니다.

입체 도형

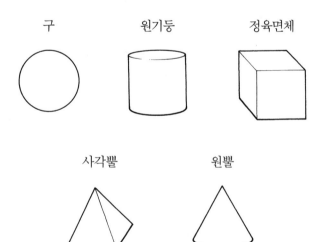

각

인류가 각을 측정하기 시작한 이유는 별에 대한 연구 때문이었습니다. 그리스 사람들은 원을 그려서, 그 중심각을 360개의 '도'로 나누었습니다. 왜 100이 아니라 360이었을까요? 아무도 확실한 이유를 알 수 없습니다. 그러나 한 가지 아주 믿을 만한 설명이 있습니다. 2에서 12까지의 수 중에서 360의 약수들은 2, 3, 4, 5, 6, 8, 9, 10, 12나 됩니다. 반면에 100의 약수는 2, 4, 5, 10뿐입니다. 그리스 시대에는 분수가 그리 대중적인 수가 아니었기 때문에 여러 개의 수로 쉽게 나누어지는 수를 사용하는 것이 편리했던 것입니다.

또한 360은 1년 365일과도 매우 흡사합니다. 그래서 역법에서 주기를 표시할 때 아주 좋은 어림수로 사용할 수 있었습니다.

360도를 한 바퀴로 생각하면, 반 바퀴는 180도가 됩니다.

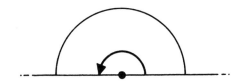

직각, 예각, 둔각

$\frac{1}{4}$ 바퀴는 90도입니다. 보통 '직각'이라고 부르며, 귀퉁이에 정사각형 모양을 그려 넣어 직각을 표시합니다.

90도보다 작은 각을 '예각'이라 하고, 90도보다 크고 180도보다 작은 각을 '둔각'이라고 합니다(알고 있는 사람이 많지 않겠지만, 180도보다 큰 각을 '우각'이라고 합니다.).

 직각 찾기

작은 종이 한 조각만 있다면 '직각 테스트기'를 만들어서 직각을 찾을 수 있습니다. 종이 한 장을 준비해서 그림과 같이 접습니다.

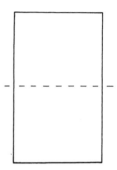

처음에 접은 부분이 정확하게 겹치도록 다시 종이를 접습니다.

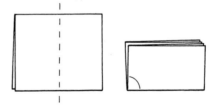

접은 부분이 만나서 생긴 귀퉁이가 정확히 직각입니다. 이것을 사용하여 직각처럼 보이는 물건의 귀퉁이가 정말 직각인지 아닌지 알아볼 수 있습니다.

삼각형

삼각형에는 세 가지 종류가 있습니다.

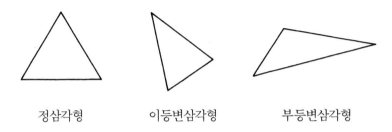

| 정삼각형 | 이등변삼각형 | 부등변삼각형 |

- 정삼각형은 세 변의 길이(또는 각의 크기)가 모두 같은 삼각형입니다.

- 이등변삼각형은 두 변의 길이(또는 각의 크기)가 같은 삼각형입니다.

- 부등변삼각형은 세 변의 길이(또는 세 각의 크기)가 모두 다른 삼각형입니다.*

삼각형에 대한 흥미로운 사실은 임의의 삼각형을 그리고 각도기를 이용하여 세 내각의 크기를 측정해 보면, 그 합은 항상 180도가 된다는 것입니다. 이 사실을 확인해 볼 수 있는 손쉬운 방법은 종이 위에 삼각형 하나를 그리고 세 귀퉁이를 찢어서 한곳에 모아 붙여 보는 것입니다.

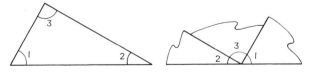

세 각을 모으면 180도인 직선이 됩니다.

---

* 우리나라에서는 부등변삼각형을 따로 정의하지 않습니다.

이 사실을 이용하면 삼각형에서 두 각의 크기를 알고 있을 때, 나머지 한 각의 크기도 알 수 있습니다. 예를 들면, 어떤 삼각형에서 두 각의 크기가 각각 30도, 80도라면 나머지 한 각의 크기는 $180 - (30 + 80) = 70$ 도이어야 합니다. 중요한 것은 이렇게 작은 지식의 단편들이 고등 수학에서 좀 더 복잡한 기하 연구의 기초가 된다는 사실입니다. 바로 이것이 단순해 보이지만 중요한 기초 수학 지식을 아이들이 배워야 하는 이유입니다.

 스스로 평가

ⅲ) 직각삼각형

민주는 한 개의 각이 직각인 삼각형을 그렸습니다. 민주가 그린 삼각형은 다음 중에서 어떤 삼각형이 될 수 있을까요?

a. 정삼각형

b. 이등변삼각형

c. 부등변삼각형

ⅳ) 주차된 차

아래 그림에서 주차된 차와 벽 사이의 각 A의 크기를 구하세요.

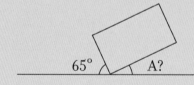

대칭

자연의 세계는 대칭으로 가득합니다. 수학도 마찬가지입니다. 초등학교에서 배우는 대칭은 아주 쉽습니다. 아이들이 배우게 될 대칭의 두 가지 주요 내용은 다음과 같습니다.

- 선대칭도형 : 도형의 절반이 나머지 절반과 거울에 비친 모습인 경우. 이때 거울의 역할을 하는 직선을 대칭축이라 합니다.
- 회전대칭도형* : 일정한 각도만큼 도형을 회전시켰을 때, 모양이 포개어지는 경우.

이 단원의 앞에서 다룬 정다각형은 변의 개수만큼이나 많은 대칭축을 가지고 있습니다. 예를 들어 정사각형을 봅시다. 정사각형은 4개의 대칭축이 있으며, 4가지 회전대칭이 가능합니다.

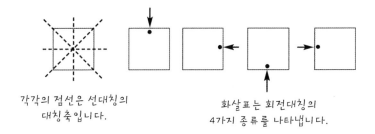

각각의 점선은 선대칭의
대칭축입니다.

화살표는 회전대칭의
4가지 종류를 나타냅니다.

한편, 정오각형은 5개의 대칭축이, 정육각형은 6개의 대칭축이 있습니다.

---

* 우리나라 초등학교에서는 회전대칭도형 대신 점대칭도형을 배웁니다. 점대칭도형은 한 점을 중심으로 180° 회전시켰을 때 본래의 도형과 완전히 포개어지는 도형을 말하며, 회전대칭도형의 한 종류입니다.

ⅴ) 이쑤시개 문제

5개의 이쑤시개로 아래 그림과 같이 '영양'을 만들었습니다. 하나의 이쑤시개를 제거해서 선대칭도형이 되도록 만드세요.

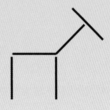

선대칭과 회전대칭

학교에서 아이들은 도형을 회전대칭이나 선대칭이 되도록 이동시키는 훈련을 합니다. 이때 대강 그려서는 안 되고 대칭의 위치를 정확히 표시해서 이동해야 합니다. 이러한 작업을 위하여 프랑스의 수학자 데카르트가 만들어낸 '좌표'를 이용하면 편리합니다.

좌표는 아주 간단합니다. 평면 위에 있는 점의 위치를 가로와 세로로 놓인 눈금을 이용해서 옆으로 얼마나 많이 멀어졌는지, 위로 얼마나 많이 올라갔는지를 나타내는 것입니다.

단 한 가지, 처음에 오는 숫자가 위쪽으로 이동한 것인지, 옆으로 이동한 것인지 좀 헷갈립니다. 관례에 따르면, 처음에 오는 숫자는 옆으로 이동한 수이고, 다음에 오는 숫자가 위로 이동한 수입니다. 아래 그림을 보고 정확히 살펴봅시다. 먼저 여러분은 복도를 따라 걷습니다. 그러고 나서 계단을 올라갑니다. 그래서 점 ×의 위치는 옆으로 5, 위로 3입니다. 이를 (5, 3)이라고 씁니다.

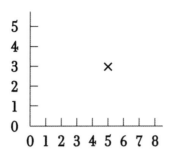

 전함 게임

전함 게임은 좌표를 익힐 수 있는 가장 좋은 방법입니다. 이 게임은 가로, 세로 각각 10칸으로 이루어진 바둑판 모양의 종이 위에서 진행됩니다. 각 경기자는 바둑판 모양의 종이 여기저기에 각기 다른 모양의 배를 숨겨 둡니다.

예를 들면, 4개의 정사각형이 있는 것은 항공모함, 3개가 있는 것은 전함, 이런 식으로. 그러고 나서 차례로 상대방 좌표를 부릅니다. 만약 상대방 배의 위치를 정확히 부르면 명중으로 처리되고, 상대방의 배를 모두 명중하면 승리자가 됩니다.

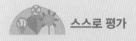

vi) 정사각형을 어디에 그릴까요?

아래에 그려진 두 개의 점을 보세요. 여기에 새로 두 개의 점을 추가해서 정사각형을 그리려고 합니다. 점을 그려 넣고, 각 점의 좌표를 적으세요. 단, 답은 세 가지입니다.

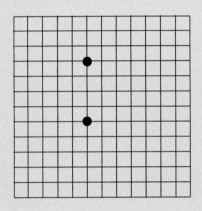

회문*과 숫자

대칭의 또 다른 예로 '회문'을 들 수 있습니다. 회문은 순서대로 읽으나 반대로 읽으나 똑같이 읽히는 글이나 문장을 말합니다. 정수정, 민혜민이라는 이름의 소녀들은 자신의 이름이 회문이라는 사실을 알고는 신기해합니다. 조광조나 우덕우라는 이름의 소년들도 마찬가지입니다. 다

---

* 回文.

음과 같이 진기한 문장이나 단어를 찾아보는 일은 아주 흥미롭습니다. '다시 합창합시다.' 또는 '여보게 저기 저게 보여.'

숫자에도 회문이 있습니다. 비교적 최근의 연도로 1991년과 2002년이 있고요, 다음에 오는 회문 연도는 2112년이 됩니다(여러분의 아이들이 그 해를 맞이하게 될까요?). 그 밖에도 날짜를 포함하는 다양한 회문의 유형을 발견할 수 있습니다.

오직 1로만 이루어진 수를 제곱하면, 회문인 숫자를 얻을 수 있습니다.

$$11 \times 11 = 121$$
$$111 \times 111 = 12321$$
$$1111 \times 1111 = 1234321$$

끈기를 가지고 아래 곱셈까지 확인해 보세요.

$$111111111 \times 111111111 = 12345678987654321$$

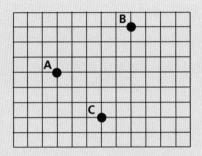

문제 배 한 척이 A에서 B까지 이동하였다.

이처럼 이동하려면 다음과 같이 명령을 내리면 된다.

동쪽으로 5km 전진, 그리고 북쪽으로 3km 전진.

이제, B에서 C까지 이동하려고 한다.

알맞은 명령을 빈 칸에 적어라.

답 ___준비___ , 그리고 ___가라___ .

시간, 거리, 넓이, 부피, 속도, 무게, 이 모든 것들은 측정에 의해서 얻어집니다. 아이들은 학교에서 시계, 자, 저울 등 측정과 관련된 도구 사용법을 배우면서 제법 많은 시간을 보냅니다. 또한 짐작(어림)으로 측정하는 방법도 배웁니다.

측정을 배울 때 아이들이 겪는 어려움

1. 자를 사용할 때, 자에서 '사용하지 않는 부분(자의 왼쪽 끝과 0 사이의 틈)'을 의식하지 못한다.
2. 어떤 도형이 다른 도형보다 넓이가 더 넓다면, 둘레의 길이도 더 길어야 한다고 생각한다.
3. 숫자가 표시되어 있지 않은 작은 눈금을 임의로 읽는다.
4. 거리를 측정할 때, 부적절한 단위를 사용한다(예를 들면, 안방 문에서 부엌까지 거리를 잴 때 킬로미터 단위를 사용함.).

올바른 단위 사용하기

　서울에서 부산까지의 거리를 측정하기 위하여 밀리미터를 사용하지는 않습니다. 또한 깃털의 무게를 재기 위해서 킬로그램을 사용하지도 않습니다. 왜 사용하지 않을까요? 우리는 아주 작은 수나 엄청나게 큰 수보다는 1과 1000 사이의 정수를 다루는 것이 편하기 때문입니다. 작은 것에는 작은 단위를 쓰고 큰 것에는 큰 단위를 쓰는 것은 아주 자연스러운 느낌이기 때문에, 가능하면 아이들과 함께 이러한 단위에 대하여 자주 이야기하는 것이 좋습니다.

　최근에는 미터, 그램, 리터 앞에 다음과 같은 두 가지 접두어를 붙여서 기본 단위의 크기를 알맞게 조절합니다.

킬로　1000

밀리　$\dfrac{1}{1000}$

1000과 $\dfrac{1}{1000}$ 사이의 값들을 나타내는 다른 접두어도 있습니다. 하지만 센티미터를 제외하고는 거의 사용되지 않습니다.

헥토　100

데카　10

데시　$\dfrac{1}{10}$

센티　$\dfrac{1}{100}$

시간

아이들은 대여섯 살 정도가 되면 시간(지금, 나중, 내일, 어제)에 대한 개념과 익숙해집니다. 또한 그 정도 나이가 되면 시계로 시간을 알 수 있다는 사실도 깨닫게 됩니다. 하지만 아이들이 시계를 제대로 보기까지는 제법 시간이 걸립니다. 여덟 살이 되어도 시계 외에도 골머리를 앓을 문제가 여전히 많기 때문입니다.

시계는 수학의 여러 분야와 다양하게 연관되기 때문에 아주 흥미로운 소재입니다. 지금은 측정에 대해서만 살펴보고 있지만, 수 세기, 덧셈과 뺄셈, 분수, 5의 배수(분을 읽을 때 시계 화면에 있는 숫자에 5를 곱한 수로 읽어야 하기 때문에)에 대하여 공부할 때, 시계를 이용하면 편리합니다.

시계를 이용해서 각을 연구할 수도 있습니다. 시간의 분은 각도의 도(degree)처럼 고대 숫자 체계인 60진법을 따르기 때문입니다. 시각을 나타내는 12개의 숫자는 시계 둘레에 동일한 간격으로 표시되어 있기 때문에, 1시일 때 시계 두 바늘 사이의 각도는 한 바퀴의 $\frac{1}{12}$, 즉 $\frac{360}{12}$ 또는 30도입니다. 또한 1시 반일 때, 시각을 나타내는 짧은 바늘은 1과 2의 중간에 오며, 이는 12시 방향을 기준으로 45도만큼 벌어진 위치입니다.

 스스로 평가

ⅰ) 시계 퍼즐

정오에서부터 자정까지, 시계의 두 바늘이 90도를 이루는 경우가 몇 번 생

아이들은 시계 읽기 외에, 숫자로 시간 더하기도 어렵다고 생각합니
다. 예를 들어 볼까요? 3:25에 출발하는 기차가 있는데, 다음 역까지
는 1시간 40분이 걸린다고 합니다. 그렇다면 몇 시 몇 분에 도착할까요?
3:25라는 시간은 십진수처럼 보이기 때문에 3.25 더하기 1.40을 해서
4.65라고 생각하기 쉽습니다. 그러나 시간은 60진법을 따르기 때문에
60분이 되는 순간, 시간은 1시간 늘어나고 분은 0이 되어야 합니다. 어
른들은 이런 계산을 자주 해 봤기 때문에 아이들이 어려워한다는 사실
을 잘 인식하지 못합니다.

 스스로 평가

ii) 케이크 굽기

소희는 케이크를 굽고 있습니다. 소희가 케이크를 오븐에 넣은 시간은 오후
4:40입니다. 케이크를 굽는 데 90분이 걸린다면, 소희는 언제 케이크를 꺼
내야 할까요?

시계와 방향

시계와 방향은 자연스럽게 들어맞습니다. 동, 서, 남, 북이라고 하는 방위는 시계에서 3시, 9시, 6시, 12시로 나타낼 수 있습니다. 또한 방향을 바꿀 때, '시계 방향', '반시계 방향'이라는 말을 자연스럽게 사용합니다. 아이들에게 주요 건물을 기준으로 삼아 방향을 설명할 때도, 시계를 나침반처럼 생각하여 다음과 같이 이야기할 수 있습니다. "저 교회를 12시 방향이라고 생각하면, 내가 보고 있는 언덕은 1시 방향에 있어."

시계 이용하여 방위 알아내기

가족과 함께 야외로 나갔을 때, 손목시계 하나만 있으면 방위를 찾을 수 있습니다. 먼저, 시계를 평평한 바닥에 놓으세요. 그리고 짧은 바늘이 태양을 향하도록 방향을 잘 잡으세요. 마지막으로, 시계의 짧은 바늘과 숫자 12 사이의 각을 반으로 나누면, 대략 그쪽이 남쪽입니다(좀 더 정확히 하려면, 시계가 그리니치 표준 시간에 맞춰져 있어야 합니다. 그리고 해가 쨍쨍해야 하는 것은 기본이고요!).*

---

* 이 방법은 북반구에서만 통하는 방법입니다. 그럼 남반구에서는 어떻게 해야 할까요? 남반구에서는 태양을 바라보고 서 있으면 바라보고 있는 방향이 북쪽이 되며, 이때 태양은 오른쪽에서 떠서 왼쪽으로 집니다. 따라서 남반구에서는 해를 등지고 서서, 시계의 보이는 면이 지면을 향하도록 하늘 높이 들고, 시계의 짧은 바늘이 태양을 향하도록 방향을 잡습니다. 그러면 시계의 짧은 바늘과 숫자 12 사이의 각을 반으로 나눈 방향이 대략 북쪽이 됩니다.

길이

아이들은 자로 길이를 잴 때, 정확하게 측정하는 법을 배워야 합니다. 그뿐만 아니라 길이에 대한 감각도 폭넓게 가져야 합니다. 아이들은 미터와 센티미터를 혼동하기도 하고, 아래와 같은 실수를 하기도 합니다.

부러진 자를 이용해서 선분의 길이를 측정해 봅시다.

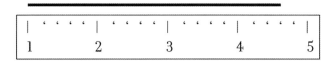

대부분의 자가 그렇듯 숫자 사이에 그은 눈금에는 아무런 표시도 적혀 있지 않습니다. 측정하는 사람이 작은 눈금 하나가 얼마를 나타내는지 알아서 읽어야 합니다. 이 경우에는 각 자연수 사이가 5개로 나누어져 있기 때문에 각각의 눈금은 0.2를 나타냅니다. 그러므로 선분의 길이는 3.6(4.6 빼기 1.0)입니다.

아이들의 머릿속 :

위의 그림에 제시된 선분의 길이를 측정한 아이들이 다음과 같이 잘못된 답을 제시하였습니다. 왜 그럴까요?

4.6

4.3

3.3

첫 번째 아이는 4.6이라고 하는 큰 수를 적었습니다. 이 아이는 선분의 왼쪽 끝이 0에서 시작하는지 확인하지 않았습니다. 자를 사용하다 보면 이와 같은 뺄셈을 해야 하는 경우가 종종 생깁니다(일부러 0이 적혀 있지 않은 부러진 자를 사용해서 아이들이 이런 연습을 하도록 유도할 수 있습니다. 아이들에게 "이런! 어떻게 길이를 재지?" 하고 물어보세요.).

두 번째와 세 번째 아이는 작은 눈금 하나를 0.1로 생각하고 세 개를 세어 4.3으로 읽었습니다. 아이에게 왜 눈금 하나가 0.1이 될 수 없는지 설명하기 위하여, 4.1, 4.2, 4.3, ……, 이렇게 읽어 주세요. 이렇게 하면 다섯 번째 눈금이 4.5가 되어 정수 5와 같아져 버린, 잘못된 결과가 나온다는 사실을 아이들은 깨달을 것입니다.

보너스 팁

많은 가정에서는 아이들이 성장하면서 얼마나 키가 자라고 있나 알아보기 위해서 문틀이나 벽에 대고 키를 잰 후 선을 긋습니다. 이때 아이들은 자신들의 새로운 키 표시를 보면서 즐거워합니다. 이제 벽에 낡은 줄자 하나만 붙여 놓으면 영구적인 신장 측정 도구를 만들 수 있습니다. 여러분이 줄자에 새로운 표시를 하기만 하면, 아이들은 자신의 키가 얼마인지 쉽게 알아볼 수 있습니다.

여러 가지 측정 도구

측정 도구는 곳곳에서 발견됩니다. 체중계, 계량컵, 온도계 등이 있지요. 측정 도구의 눈금에는 규칙적으로 숫자가 적혀 있습니다. 그러나 종종 숫자 사이의 간격을 더 잘게 나누기도 합니다. 이때 나누어진 작은 눈금 하나가 반드시 1이 되는 것은 아닙니다. 따라서 숫자 사이의 눈금을 제대로 읽어야 합니다.

아이들은 일상생활에서 여러 가지 측정 도구를 다루면서 눈금 읽기에 점차 익숙해집니다. 그래서 새로운 형태의 저울 눈금을 보더라도 쉽게 읽을 수 있습니다.

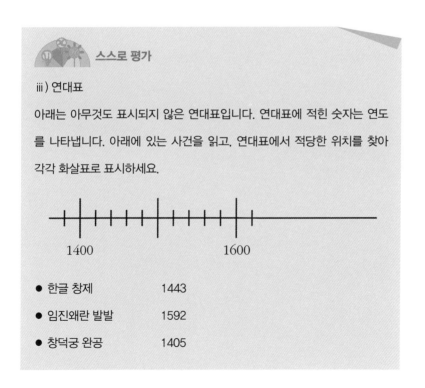

스스로 평가

ⅲ) 연대표

아래는 아무것도 표시되지 않은 연대표입니다. 연대표에 적힌 숫자는 연도를 나타냅니다. 아래에 있는 사건을 읽고, 연대표에서 적당한 위치를 찾아 각각 화살표로 표시하세요.

1400   1600

- 한글 창제   1443
- 임진왜란 발발   1592
- 창덕궁 완공   1405

둘레

아이들은 도형의 둘레와 넓이를 혼동합니다. 하지만 도형의 둘레를 한 가닥의 끈으로 생각하면 혼동을 줄일 수 있습니다. 원의 둘레 또는 수영장의 둘레를 끈으로 감는다면 끈이 얼마나 필요할까요?

원의 둘레는 특별한 이름이 있는데, 바로 '원주'라고 합니다. 원주를 원의 지름으로 나눈 값은 항상 일정하며, 그 값은 3보다 조금 큰 값인 3.14 정도입니다. 이 값은 일반적으로 파이(π)라고 나타내는데, π라는 기호는 초등학생에게는 친숙하지 않지만 집 주변에 있는 원 모양의 물건(원형 통조림 통, DVD, 피자)들을 이용하여 π의 신비스런 이야기를 들려줄 수는 있습니다. 원지름의 길이만 한 끈 세 개를 준비해서 그 원의 둘레에 감으세요. 그러면 약간 모자라지만 어느 정도 감쌀 수 있음을 보여줄 수 있습니다.

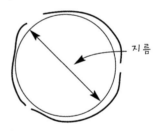

원지름의 길이만 한
끈 세 개로 원의 둘레를
거의 감을 수 있습니다.

지름

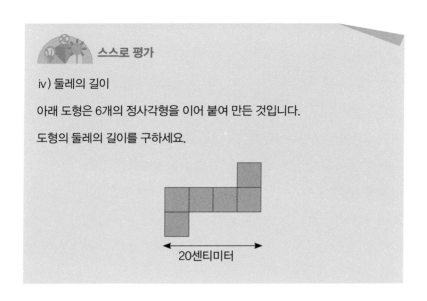

iv) 둘레의 길이

아래 도형은 6개의 정사각형을 이어 붙여 만든 것입니다.

도형의 둘레의 길이를 구하세요.

20센티미터

넓이와 직사각형

평평한 도형을 가지고 넓이에 대하여 접근해 봅시다. 카펫이나 잔디, 벽지, 페인트 등으로 덮을 수 있는 것들은 넓이를 가지고 있습니다. 따라서 아이들은 카펫이나 페인트로 어떤 도형을 덮을 때, 그 양이 충분한지 가늠하기 위하여 넓이를 측정해야 한다는 사실을 깨닫게 됩니다.

아이들이 넓이를 측정하기 위하여 시도할 수 있는 첫 번째 단계는 정사각형의 개수를 세는 것입니다. 모눈종이 위에 도형을 그려 놓고, 그 도형의 내부에 몇 개의 정사각형이 있는지 세기만 하면 됩니다(단순하지만, 조금 힘든 작업입니다.). 가장 쉽게 넓이를 측정할 수 있는 도형은 직사각형입니다.

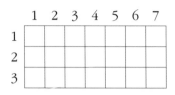

위 그림에서 정사각형을 잘 세어 보면 21개라는 것을 알 수 있습니다. 그러나 더 쉬운 방법이 있습니다. 위 그림을 살펴보면, 7개의 정사각형이 모두 3행 있습니다. 또는 3개의 정사각형이 7열 있습니다. 양쪽의 경우 모두 3×7이라고 할 수 있습니다. 다시 말하면, 정사각형의 수를 일일이 셀 필요 없이 가로와 세로의 길이를 곱하면 직사각형의 넓이를 알아낼 수 있습니다.

복잡한 도형의 넓이

다른 도형의 넓이도 도형의 내부에 들어 있는 정사각형의 개수를 세면 됩니다. 도형의 내부가 온전한 정사각형들로 채워져 있지 않더라도 가능합니다. 예를 들어 보겠습니다.

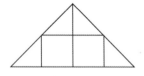

위 삼각형은 정사각형 2개와 정사각형의 절반 4개로 이루어져 있습니다. 따라서 넓이는 정사각형 4개와 같습니다.

초등학교에서는 도형의 내부를 세기 어렵게 쪼개진 정사각형으로 채

위 놓고 넓이를 구하라고 요구하지는 않습니다. 따라서 앞에서 살펴본 아이디어를 이용하면 넓이 계산은 가능합니다. 크고 작게 나누어진 정사각형의 조각들 중에서 절반이 넘는 것은 하나로 세고, 절반이 되지 않는 것은 세지 않는 것입니다. 아래 삼각형은 6개의 정사각형과 절반이 넘는 정사각형 3개로 이루어져 있습니다. 따라서 9개의 정사각형으로 이루어졌다고 말할 수 있습니다.

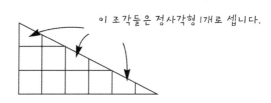

이 조각들은 정사각형 1개로 셉니다.

v) 신비한 정사각형

정사각형이 갑자기 나타나는 기묘한 퍼즐이 있습니다. 아래 그림은 가로, 세로 8개씩 전체 64개의 정사각형으로 이루어진 도형입니다.

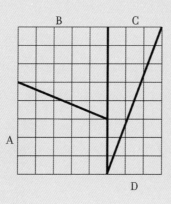

위의 그림과 같이 도형을 A, B, C, D 네 개의 조각으로 나눕니다. 이 조각들의 위치를 바꾸어 아래 그림과 같이 직사각형으로 재배열합니다.

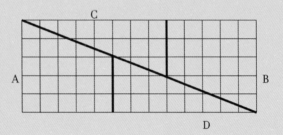

각 조각들의 모양이 처음 그림과 같은지 확인하세요. 이제 정사각형의 개수를 세어 봅시다. 가로로 13개, 세로로 5개의 정사각형이 있으므로, 곱하면 65개입니다. 처음보다 한 개 더 늘어났습니다. 새로운 정사각형은 어디서 생겨났을까요?

부피

초등학교 6학년이 되면 직육면체의 부피를 구하는 방법을 체계적으로 배우기 시작합니다. 부피를 배울 때 아이와 함께 여러 가지 실험을 통해 부피에 대한 다양한 경험을 해 볼 수 있도록 해 주세요.

A4 용지 두 장을 사용하여 재미있는 실험을 할 수 있습니다. 한 장은 긴 변이 마주 보도록 말아서 길고 가느다란 원기둥을 만들고, 다른 한 장은 짧은 변이 마주 보도록 말아서 짧고 굵은 원기둥을 만듭니다.

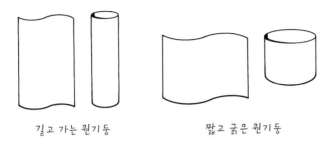

길고 가는 원기둥   짧고 굵은 원기둥

이들 두 개의 원기둥은 모양은 다르지만, 같은 크기의 종이로 만들었습니다. 둘 중 파스타를 더 많이 담을 수 있는 것은 무엇일까요? 두 개모두 같은 양을 담을 수 있다고 생각하나요? 만약 그렇게 생각한다면, 여러분의 직관은 틀렸습니다. 짧고 굵은 원기둥에 더 많은 양을 담을 수있습니다. 실제로 약 40퍼센트 정도 더 담을 수 있습니다.

이번에는 A4 용지를 반으로 잘라 똑같은 두 개의 원기둥 모양을 만듭니다. 큰 원기둥 그릇 하나와 작은 원기둥 그릇 두 개 중에서 어느 것의부피가 더 클까요? 얼핏 생각해 보면 별 차이가 없을 것 같습니다. 그러나 여러분이 원기둥을 만들어 보면 확실한 답을 알 수 있습니다.

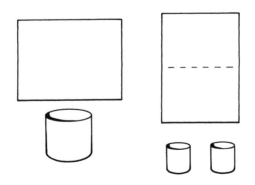

그림만 봐도 알겠지만, 두 개의 작은 원기둥을 합하더라도 큰 원기둥

하나보다 작다는 것을 알 수 있습니다. 실제로 큰 원기둥의 부피는 작은 원기둥 두 개의 부피를 합한 양보다 약 40퍼센트 더 많습니다.

측정 기준량 정하기

어떤 양을 측정해야 하는데 주변에 적절히 측량할 도구가 없다면 일상생활에서 사용하는 평범한 물건들을 이용하여 그 양을 가늠할 수 있도록 기준량을 정해 두면 아주 편리합니다. 아래에 몇 가지 예를 제시하였습니다. 아이들과 함께 더 많은 예를 찾아보세요.

100그램 : 참치 캔 하나
80 킬로그램 : 쌀 한 가마
1000밀리리터 : 우유 큰 팩 하나
2리터 : 물 한 통
15밀리리터 : 큰 숟가락 하나
1미터 : 아빠 큰 걸음 한 폭
30센티미터 : 아빠 신발 길이
25센티미터 : 엄마 신발 길이
2미터 : 침대 길이
3분 : 여러분이 이 닦는 데 걸리는 시간

4
자료 정리와 가능성

─

문제 아래 그림 중에서 5를 나타내는 것을 찾아 동그라미를 그려라.

이 질문에 답한 어린 소녀는 고양이를 좋아하나 봅니다.
그래서 보기를 고쳤네요.

부모들이 초등학교에 다닐 때는 통계와 확률을 거의 배우지 않았습니다. 하지만 요즈음은 이 주제들이 교육 과정에서 중요한 부분을 차지하고 있으며, 초등학교에서는 자료 정리, 경우의 수, 가능성이라는 주제로 소개되고 있습니다.

아이들은 그들을 둘러싼 세상을 이해하기 위하여 질문을 하고, 그 질문에 답을 구하기 위하여 어떤 자료를 모아야 할지 정하고, 편집하고, 정렬하고, 정보를 그래프로 나타내며, 만들어진 그래프를 분석하고, 그 정보를 이용하는 일련의 과정들을 흥미진진하게 진행할 수 있습니다. 이러한 과정을 통틀어 자료 정리라고 합니다. 그뿐만 아니라 아이들은 카드 게임이나 주사위 게임을 하면서, 이들 게임이 '운'에 따라 결과가 달라진다고 생각하다가 점차 가능성*(확률)에 대해서 생각하게 됩니다.

---

* 가능성은 chance에 대한 번역입니다. 우리나라 교육 과정에서는 전통적으로 초등학교 6학년부터 확률을 도입하여 왔으나, 최근의 교육 과정에서 초등 수학에 가능성이라는 용어를 도입하였습니다. 서양에서는 과거부터 초등학교에서 다루는 다소 비형식적인 확률을 가능성(chance)으로 지도하여 왔습니다.

자료 정리와 가능성을 배울 때 아이들이 겪는 어려움

1. '부정적인' 정보는 긍정적인 정보보다 그다지 도움이 되지 않는다고 생각한다. 예를 들어 '숫자 맞추기' 게임(먼저 한 명의 참가자가 숫자 하나를 생각한다. 그러면 다른 참가자는 예/아니요로만 대답할 수 있는 질문을 20개 던져서 상대방이 생각한 수를 알아내야 한다.)에서 '짝수인가요?'라는 질문에 '아니요.'라고 대답한 경우나 '홀수인가요?'라는 질문에 '예.'라고 대답하는 것은 같은 의미이지만, 아이들은 '아니요.'라는 대답이 나오면 별 필요 없는 정보를 얻었다고 생각한다.

2. 그래프는 사건에 대한 단순한 '그림'이라고 생각하고 잘못 해석한다.

3. 원 그래프는 집단의 크기보다는 집단의 상대적인 비율을 나타낸다는 것을 이해하지 못한다.

개수 표시하기

여러분은 게임의 점수를 기록하거나 반장을 뽑을 때 표를 세기 위해 대문 빗장처럼 생긴 이런 기호 //// 를 사용한 적이 있을 것입니다. 이 기호는 약 40000년의 역사와 전통을 갖고 있습니다! 이것은 레봄보* 뼈에 남아 있던 흔적으로, 수학적인 인공물 중에서 가장 오래된 것입니다. 이 뼈는 개코원숭이의 것인데, 유인원이 개수를 헤아려서 기록한 막대 표

---

* Lebombo. 남아프리카 공화국과 스와질란드 사이에 있는 산 이름.

시가 그 뼈에 남아 있다고 합니다. 이 뼈는 약 37000년 전의 것으로 추정되며, 아마 그 전에도 이런 뼈가 존재했을 것이라고 여겨집니다. 물론 무엇을 헤아린 것인지 알 수는 없습니다. 지나간 날짜 수인지, 잡은 짐승인지, 부족의 인원수인지 누가 알겠습니까? 그것이 무엇이었든지 간에, 인류는 수량의 변화를 일일이 기록하는 오래된 전통을 가지고 있다는 사실을 알 수 있습니다.

초기의 막대 기호들에서는 특별한 구조가 발견되지 않았는데, 나중에 발견된 뼈에서는 막대기를 조금씩 일정한 단위로 묶는 현상이 나타났습니다. 그러다가 결국에는 다섯 개씩 묶는 형태로 일반화되었습니다.

막대기를 그어 개수를 나타내는 방법은 자료를 모으고 표현하는 가장 간단한 방법입니다. 남학생 대 여학생의 점수처럼 두 가지를 기록한 막대기 표시는 수평 막대그래프와 같습니다. 막대기 표시를 보는 순간, 여러분이 세고 있는 두 집단의 상대 득점을 알 수 있습니다.

한편, 발표회에 참석한 사람들의 수나 주차장에 들어오는 자동차의 수 등과 같이 한 가지 종류의 수를 기록하기 위해서 사용하기도 합니다. 이 경우에 막대기 표시를 정리한 그래프는 각자 다른 제목(예를 들면, 지나가는 자동차의 종류, 좋아하는 감자칩의 맛, 봉지 안에 들어 있는 알사탕의 색깔 등)으로 표현됩니다. 이런 그래프들을 보면 특정 건(예를 들면, 가장 많은 차량의 종류, 가장 인기 있는 맛, 파란색과 빨간색 알사탕의 비 등)이 얼마나 자주 일어났는가를 알 수 있습니다. 이런 그래프를 빈도그래프*라고 하며, 자료를 시각적으로 나타내기 위해서 사용합니다.

---

* frequency charts. 빈도그래프에는 막대그래프, 그림그래프, 줄기와 잎 그림 등이 있다.

비교, 정렬, 조직

비교, 정렬, 조직은 자료 정리의 본질입니다. 앞쪽 단원에서 수를 정렬하여 정수, 분수, 홀수/짝수, 제곱수, 배수, 약수 등과 같이 이름을 붙였고, 도형도 아주 다양한 방법으로 정렬하여 대칭, 2차원 도형, 3차원 도형, 정다각형 등으로 불렀던 것을 기억해 보세요.

자료 정리에 있어서 가장 중요한 것은 자료들이 공통으로 가지고 있는 성질이 무엇이고 차이는 무엇인지를 정확히 잡아내서 각각의 범주로 정렬하는 기술입니다.

다른 하나는 무엇인가?

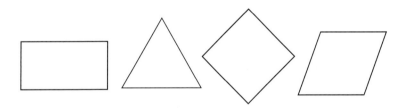

위 4개의 도형 중에서 다른 하나를 골라 보세요. 대부분의 사람들은 즉시 삼각형을 고릅니다. 왜 그럴까요? 삼각형만 3개의 변을 가지고 있기 때문입니다. 삼각형이 다른 도형들과 구별되는 이유가 이것 하나뿐일까요? 또 다른 이유도 있을 것입니다. 아래에 제시된 이유를 읽기 전에, 왜 삼각형이 나머지 도형들과 다르다고 생각하는지 다양한 이유를 말해 보세요. 최소한 다섯 가지 이유를 말할 수 있나요?

이유

- 삼각형만 내각의 합이 180도이다(다른 도형은 360도이다.).
- 세 개의 대칭축을 갖는다.
- 넓이가 가장 작다.
- 둘레의 길이가 가장 작다.
- 내각이 3개이다.
- 모든 각이 예각이다.
- 이러한 삼각형 6개로 빈틈없이 붙여 육각형을 만들 수 있다.

삼각형만 다른 것은 아닙니다. 나머지 다른 도형들도 뭔가 독특한 특징을 갖고 있습니다. 하나를 제외한 나머지 세 도형은 모두 각 변의 길이가 같습니다. 하나를 제외한 나머지 세 도형은 모두 아래쪽에 평평한 변이 있습니다. 하나를 제외한 나머지 세 도형은 모두 내각의 크기가 같습니다. 이로부터 알 수 있는 사실은 범주화하는 것은 이미 결정된 기준을 따르는 것이 결코 아니라는 것입니다. 자료 정리는 정보를 범주화하는 것이기 때문에, 아이들이 좀 더 많은 경험을 갖는다면 창의적이고 더 나은 범주를 만들 수 있습니다.

 다른 하나 고르기

'다른 하나 고르기' 게임은 모든 연령대의 아이들과 함께 하면 아주 좋은 창의적인 게임입니다. 어린아이들과 함께 집 안에 있는 물건들을 모으세요. 숟가락, 컵, 병, 포크를 모았다고 합시다. 왜 이들 물건

하나하나가 다른 것들과 다른지 말할 수 있나요? 연필, 나무로 만든 자, 붓, 지우개에 대해서는 어떤가요? 이들 물건이 나머지와 다른 이유를 특이하거나 재치 있게 말할 수 있나요? 아래의 예를 보세요.

- 연필은 구부러지지 않는다. 그래서 나머지 물건과 다르다.
- 자로 탁자 끝을 진동시키면 재미있는 소리가 난다. 그래서 나머지 물건과 다르다.
- 지우개는 다른 이름을 갖고 있다(고무). 그래서 나머지 물건과 다르다.

고학년들과는 수를 가지고 게임을 하면 좋습니다. 20, 15, 24, 25 중에서 다른 하나를 고르라고 한다면, 얼마나 다양한 답이 나올까요? '다른 하나 고르기' 게임은 '내가 생각하고 있는 것은 무엇인가?'라는 질문으로 바꿀 수 있습니다. 적당한 물건들을 모으세요. 아이들이 쉽게 볼 수 있는 집 안의 물건들이면 됩니다. 빨래 바구니 안에 들어 있는 옷들, 탁자 위의 사물들도 좋습니다. 아니면 100보다 작은 자연수라든지 3차원 도형 등과 같이 상상으로 만들 수 있는 수학적인 대상도 좋은 예입니다. 아이들이 예/아니요로 답할 수 있는 질문을 해서, 무엇을 생각하고 있는지 알아낼 수 있을까요? 예를 들어 탁자 위에 머그컵, 유리잔, 샌드위치, 사과가 있다고 합시다. '내가 생각하고 있는 것은 무엇인가?'를 다음과 같이 진행할 수 있습니다.

"먹을 수 있나요?"

"아니요."

"투명한가요?"

"아니요."

"머그컵이군요."

"예."

 ## 숫자 맞추기

이 게임은 아이들과 교대로 하는 게임입니다. 먼저 한 사람이 1에서 100까지의 수를 생각합니다. 그러면 상대방이 예/아니요로 답할 수 있는 질문을 해서 그 수를 알아내는 것입니다. 얼마나 빨리 알아낼 수 있을까요?

"1에서 100까지의 숫자 중에서 하나 생각했어요."

"짝수인가요?"

"예."

"50보다 큰가요?"

"아니요."

"3의 배수인가요?"

"예."

"25보다 큰가요?"

"예."

……

이러한 게임에서 승리할 수 있는 최상의 전략(빨리 정답을 알아낼 수 있는 방법)은 우리가 생각하고 있는 대상을 똑같은 개수의 두 그룹으로 나누어, 한쪽은 '예', 다른 한쪽은 '아니요'가 될 수 있는 질문을 던지는 것입니다. 그래서 "짝수인가요?"라고 질문하는 것은 첫 질문으로서 대단히 좋은 질문입니다. 1에서 100까지의 수 중에서 절반은 짝수이고, 절반은 아니기 때문입니다. 반면에 "일의 자리가 0인가요?"라는 질문은 좋은 질문이 아닙니다. 100개 중에서 90개는 일의 자리가 0이 아니기 때문에 "아니요."라는 답이 나올 가능성이 아주 높습니다.

벤다이어그램을 이용하여 정렬하기*

사물을 잘 정렬하기 위해서 벤다이어그램과 캐럴다이어그램을 이용하면 편리합니다. 벤다이어그램과 캐럴다이어그램은 본질적으로 같은 것입니다. 그러나 자료를 나타내는 방법에 있어서 약간 차이가 나며, 강조하는 부분 또한 다릅니다.

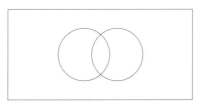

벤다이어그램

---

* 우리나라에서는 고등학교 1학년 과정에서 벤다이어그램을 처음으로 배웁니다. 용도는 집합의 표현을 위해서입니다. 그리고 고등학교 2학년 확률 과정에서 벤다이어그램을 활용하여 간단한 연산을 합니다. 영국에서는 초등학교 때 벤다이어그램을 소개하고 있습니다. 또한 우리나라에서는 가르치고 있지 않는 캐럴다이어그램도 소개하고 있습니다. 캐럴다이어그램은 벤다이어그램보다 좀 더 수학적인 구조를 갖고 있어 우리나라 아이들에게 소개해도 아주 재미있을 것 같아 소개합니다.

벤다이어그램을 이용하는 방법은 다음과 같습니다. 두 개의 고리를 그리고, 모아 놓은 사물들을 알맞은 영역에 정렬하면 됩니다. 사과, 오렌지, 오렌지색 크레파스, 연필이 있다고 합시다. 이 사물들을 두 개로 나눌 수 있는 방법을 생각합니다. 음식과 필기도구로 하는 것도 한 가지 방법이 됩니다. 만약 '먹는 것'과 '오렌지'라는 범주로 나누었다면, 아이들은 어떤 사물은 양쪽 집합 모두에 놓인다는 사실을 알게 됩니다. 오렌지는 '먹는 것'과 '오렌지'에 모두 속하니까요. 그래서 두 개의 고리를 그릴 때 중간 부분이 겹쳐지게 그리는 것이 좋습니다.

사물을 놓을 수 있는 네 번째 영역—고리의 바깥 부분—이 있다는 것을 곧바로 알아내기는 어렵습니다. 위 예에서, '먹을 수도 없고, 오렌지도 아닌 것'이 고리의 바깥에 놓이게 될 것입니다.

벤다이어그램을 그릴 때는 앞의 예처럼 두 개의 고리를 중간쯤이 겹치게 그립니다. 그러나 어떤 상황에서는 하나의 고리가 다른 고리의 내부에 완전히 들어가기도 합니다. 예를 들어 하나의 고리가 '알을 낳는 동물'이고, 또 다른 고리가 '닭'이라면, 모든 닭들은 알을 낳기 때문에 닭을 나타내는 고리는 알 고리의 내부에 들어가야 합니다. 아래는 이것을 벤다이어그램으로 나타낸 것입니다. 마치 달걀 프라이 같네요.

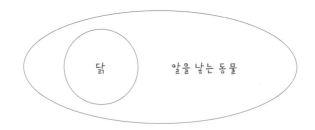

두 개의 고리가 어떻게 그려져야 한다는 규칙은 없습니다. 여러 가지

다른 범주를 나타내기 위하여 다양한 고리를 그릴 수 있습니다. 그러나 고리가 세 개 이상이 되는 경우에는 각 고리의 겹치는 부분이 아주 복잡해질 것입니다.

캐럴다이어그램

'캐럴다이어그램'은 영국의 작가인 루이스 캐럴의 이름에서 따온 것입니다. 그는 『이상한 나라의 앨리스』를 썼으며, 옥스퍼드 대학에서 수학을 강의하였습니다. 루이스 캐럴(실제 이름은 찰스 도지슨입니다.)은 논리학에도 관심이 많아서, 1896년에 발표한 책에서 '이원도식(biliteral diagram)'이라고 부르는 그림을 소개하였습니다. 그 그림은 캐럴다이어그램으로 개명되었고, 영국의 초등학생들은 사물을 분류하는 도구로 수업 시간에 배우고 있습니다.

캐럴다이어그램은 사물을 수학적으로 정렬하기 위하여 사용합니다. 예를 들면 숫자 카드를 숫자의 성질에 따라 다음과 같이 정렬할 수 있습니다. 홀수/짝수, 20보다 큰 수/작은 수, 5의 배수인 수/아닌 수, …….

	홀수	짝수
10보다 큰 수	13, 17, 29	16, 88, 52
10보다 작은 수	1, 3, 7, 9	2, 6, 8

ⅰ) 캐럴다이어그램

벤다이어그램에 있는 숫자들을 캐럴다이어그램으로 옮기세요.

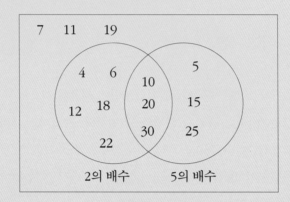

	2의 배수	2의 배수가 아닌 수
5의 배수		
5의 배수가 아닌 수		

자료 정리 프로젝트

아주 최근까지 대부분의 아이들은 이미 주어진 수들의 집합을 막대 그래프로 그리면서 자료의 정리에 대해서 공부했습니다. 아이들은 색칠하는 데에 많은 시간을 보냈으며, 정작 자료 정리에 대해서는 배우지 않았습니다. 이제 그래프는 테크놀로지를 이용하여 빠르게 그릴 수 있습니다. 따라서 이제는 자료 정리 프로젝트에 도전할 차례입니다.

이 과제는 조사해야 할 문제를 고르는 것부터 출발합니다. 문제는 아주 기본적인 것도 가능합니다. '주요 도로에는 초록색 차보다 노란색 차가 더 많을까요?'와 같은 문제는 간단한 주제입니다. 수를 세고, 헤아려진 수를 비교하여 나타내면 됩니다. 아이들은 좀 더 민감한 조사를 할 수도 있습니다. 예를 들면 '연습하면 곱셈구구를 잘 외울 수 있는가?'와 같은 주제를 문제로 고를 수 있습니다.

문제를 고른 뒤에는 이것을 어떻게 조사할 수 있는가에 대해서 토론합니다. 예를 들면 일주일 동안 연습해야 할 곱셈구구 하나(예를 들어 3단)를 정합니다. 그리고 그 주를 시작할 때 어떻게 3단을 학습하고, 대상 학생들을 위한 곱셈구구 테스트를 만드는지에 대하여 자료를 모읍니다. 아이들은 며칠에 걸쳐서 연습을 하고, 그 주 마지막 날에 다시 모든 사람들의 수행 결과를 측정합니다.

결과 나타내기

결과를 나타내는 방법은 아주 많습니다. 막대그래프, 선그래프, 원그래프를 사용할 수 있으며 상관도와 같은 것을 사용하면 더욱 효과적입니다. 자료 정리 프로젝트에서 중간 단계에서 결정해야 할 사항은 '어떤 그래프가 결과를 잘 보여줄 수 있는가?'입니다.

'연습하면 곱셈구구를 잘 외울 수 있는가?'와 같은 문제에 대해서, 저학년 아이들은 각 학생들의 점수를 막대그래프로 나타내는 것이 좋습니다.

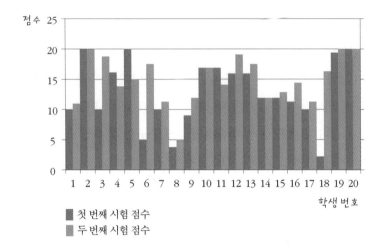

그래프를 그린 뒤에는 다음과 같은 질문을 통해 그래프를 해석합니다.

● 성적이 가장 많이 좋아진 사람은 누구인가?
● 두 번째 시험에서 성적이 떨어진 사람이 있는가?
● 모든 사람의 성적이 다 좋아졌는가? 몇 명이나 좋아졌는가?
● 전반적으로 학급의 성적이 좋아졌는가?

고학년 아이들의 경우에는 좀 더 많은 정보를 주는 상관도를 사용하는 것이 좋습니다. 상관도에서 각 아이들의 첫 번째 시험 점수는 두 번째 시험 점수와 비교하여 표시됩니다. 상관도에서 대각선은 첫 번째 시험과 두 번째 시험 결과가 같은 것을 나타냅니다. 대각선 위쪽에 있는 점들은 첫 번째 시험보다 두 번째 시험을 더 잘 본 학생들의 점수이고, 대각선의 아래쪽에 있는 점들은 두 번째 시험을 더 못 본 학생들의 점수입니다. 이렇게 나타내면 성적이 좋아진 학생과 그렇지 않은 학생들이 얼마나 되는지 한눈에 알아볼 수 있습니다(그런데 마치 첫 시험을 못 본 학생들은 두 번째 시험에서 잘 본 것처럼 보이고, 처음에 잘 본 학생들은 두 번째에는 못 본 것처럼 보이기도 합니다.).

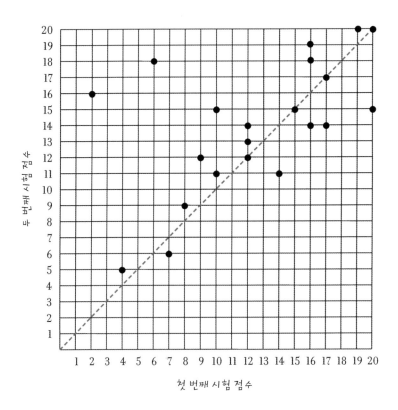

아이들의 머릿속 :

아이들은 그래프를 단순한 그림으로 생각하기 때문에 제대로 해석하지 못하는 경우가 있습니다.

어떤 사람이 국기를 깃대에 게양하고 있습니다. 꼭대기까지 올라가는 국기의 움직임을 가장 잘 나타낸 그래프는 어떤 것일까요? 가로축은 시간(초)을 나타내고, 세로축은 국기의 높이(미터)를 나타냅니다.

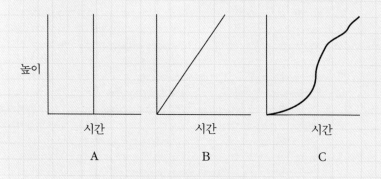

많은 학생들은(일부 어른들도) 깃대처럼 생긴 A 그래프를 고릅니다. 국기는 '곧장 위로' 올라가니까요.

그러나 실제로는 가로축이 시간을 나타내기 때문에, A 그래프는 국기가 바닥에서부터 꼭대기까지 순간적으로 치솟는 상황을 나타내고 있습니다. 이것은 불가능한 일입니다. 그러면 B 그래프나 C 그래프가 맞는 답일까요? B에서 국기의 '움직임'은 일정합니다. 처음부터 끝까지 같은 속도로 움직입니다. C 그래프는 처음에는 천천히 움직이다가(시작하는 부분의 선이 평평한 것은 처음 몇 초 동안에는 움직임이 적었다는

것을 말해 줍니다.) 중간에 좀 빨라진 뒤, 마지막에 다시 느려집니다. 그
래서 B 그래프가 기계의 힘으로 올라가고 있는 국기의 그래프로 적당
합니다. 그러나 C 그래프는 사람이 조절하면서 벌어지는 상황에 가깝
다고 할 수 있습니다. 이와 같은 그래프를 제대로 읽기 위해서는 많은
경험을 필요로 합니다.

 스스로 평가

ii) 어떤 경기일까요?

아래 그래프가 나타내는 것은 골프, 100m 달리기, 낚시 중에서 어떤 운동일
까요?

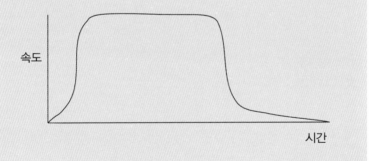

이야기그래프

그래프는 사건에 대한 단순한 그림만은 아닙니다. 이를 아이들과 함께 확인해 볼 수 있는 재미있는 방법이 있습니다. 옛날이야기에 나오는 등장인물의 감정 상태를 그래프로 나타내어 보는 것입니다. x축은 시간의 흐름을 나타내고, y축은 감정을 나타내는데, 바닥으로 갈수록 부정적인 것이고, 위로 갈수록 긍정적인 것입니다. 각자 옛날이야기를 하나씩 골라서 그 줄거리를 따라 그래프를 그려 보세요. 아래 그래프는 〈빨간 망토〉의 이야기에서 주인공의 감정과 사건을 시간의 흐름에 따라 정리하여 그린 것입니다. 어떻습니까? 그럴듯한가요?

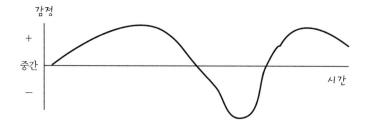

원그래프

원그래프에는 여러 가지 모양이 있으며, 플로렌스 나이팅게일이 만든 것도 있습니다. 원그래프는 학교에 등교할 때 이용하는 교통수단을 조사하여 비율로 나타내거나 학교에서 저녁을 먹는 아이들의 수를 분수로 나타내는 것처럼 전체에 대한 비율을 나타냅니다. 아래는 아이들이 흔히 볼 수 있는 원그래프의 한 종류입니다.

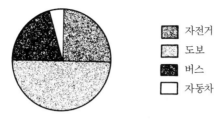

위 그래프를 보고 다음과 같은 질문을 할 수 있습니다.

● 아이들이 등교할 때 가장 많이 이용하는 교통수단은 무엇인가요?
● 자전거로 등교하는 아이들은 몇 퍼센트인가요?(원그래프 전체는 항상 100%입니다.)

그러나 더 이상의 정보가 없으면, 아이들이 원래 몇 명이었는지 알 수 없습니다. 원그래프는 절반 또는 50퍼센트 정도의 아이들이 걸어서 학교를 다닌다는 것만 가르쳐 줄 뿐, 그들이 20명인지, 100명인지, 1000명인지 알 수 없습니다. 자료에 제시된 아이들의 총인원수가 얼마인지는 기록되어 있지 않기 때문입니다. 그러나 조사에 참여한 아이들의 수가 100명이라면, 다음과 같은 질문에 답할 수 있습니다.

● 자전거로 등교하는 아이들은 몇 명인가요? (25명)
● 자동차로 등교하는 아이들은 5명입니다. 버스를 이용하는 아이들은 몇 명인가요? (20명)

스스로 평가

iii) 원그래프

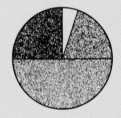

☐ 독서
▨ 운동
▧ TV 시청
▨ 컴퓨터

a. 취미가 컴퓨터인 아이들은 몇 퍼센트인가요?

b. 취미가 컴퓨터인 아이들은 10명이고, 독서인 아이들은 2명이라고 합니다. 취미가 운동인 아이들은 모두 몇 명인가요?

c. 조사에 참여한 아이들은 모두 몇 명인가요?(b의 조건을 참조하세요.)

원그래프 비교하기

두 개의 원그래프를 비교하는 것은 아주 재미있고, 흥미로운 일입니다.

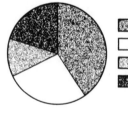

☐ 도보
☐ 자전거
▨ 버스
▨ 자동차

나무 초등학교

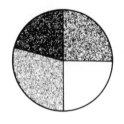

▨ 도보
☐ 자전거
▧ 버스
▨ 자동차

해님 초등학교

위의 두 그래프를 잘 살펴보면 걸어서 등교하는 학생들의 퍼센트는 해님 초등학교보다 나무 초등학교가 더 크다는 것을 알 수 있습니다. 그러나 더 이상의 정보가 없기 때문에 실제 학생 수도 나무 초등학교가 더 많은지 어떤지 알 수 없습니다. 만약에 나무 초등학교에서 걸어서 등교하는 학생이 40퍼센트이고, 나무 초등학교의 학생 수가 100명이라면, 걸어서 등교하는 학생 수는 40명입니다. 반면에 해님 초등학교는 걸어서 등교하는 학생이 25퍼센트이고, 그 학교의 학생 수가 200명이라면, 걸어서 등교하는 학생 수는 50명이 됩니다. 해님 초등학교는 걸어서 등교하는 학생의 퍼센트가 작지만 실제 인원은 더 많은 셈입니다.

걸어서 등교하는 학생을 살펴볼 때, 상대적인 값은 나무 초등학교가 더 크지만 절대적인 값은 해님 초등학교가 더 큽니다. 아이들은 두 개의 원그래프를 볼 때마다 잘 살펴야 하며, 아주 조심스럽게 질문에 대답해야 합니다.

통계적 왜곡에 대비하기

왜 아이들이 이런 것들을 혼란스러워할까요? 이 혼란을 벗어나게 해줄 시원한 해결책을 왜 아이들에게 제시해 주지 않는 걸까요? 이에 대항할 수 있는 최선의 방법은 여러 그래프를 해석하는 방법을 배우는 것입니다. 그래야 매일매일의 뉴스를 가득 채우는 통계적인 '왜곡'과 싸울 수 있습니다. 예를 들면 사고 방지 협회에서는 2007년 자전거를 타다가 사고로 사망한 사람이 136명이라고 발표했습니다. 이 내용을 BBC 헤드라인에서는 2004년 이래로 11퍼센트 증가했다고 바꿔 보도했습니다. 실

제 사망자 수는 약 14명 정도 증가했습니다. 죽음은 애석하고 안타까운 일로 여겨지기 때문에, '사망률 11퍼센트 증가'는 단숨에 주의를 집중시키는 헤드라인이 되었습니다. 이와 대조적으로 BBC는 집에서 사고로 사망한 사람들의 수가 일주일에 평균 76명이라고 보도했습니다. 자전거 사망자의 주당 평균 사망자 수가 3명이 안 되는 것과 비교했을 때 이 절대적인 수치는 강한 인상을 줍니다.

장관들이 절대적인 수치로 예산 지출 계획을 발표하고, 예산 삭감은 퍼센트와 같은 상대적인 수치로 발표하는 것을 주의 깊게 살펴보십시오. 무언가에 2,000억 원을 추가적으로 지출한다는 것은 강한 느낌을 줍니다. 비록 그것이 전체 예산의 0.1퍼센트밖에 안 되지만 말입니다. 또한 0.5퍼센트의 삭감은 별 것 아닌 것처럼 보입니다. 그러나 절대적인 수치로 계산하면 1조 원이 될 수도 있습니다.

우리는 수학으로 인해 아이들이 자전거에 대한 두려움을 갖는 것을 원하지 않습니다. 10살에서 12살 정도의 아이들은 기후 변화나 멸종 생물과 같은 주제에 관심을 갖습니다. 아이들은 자료를 나타내는 다양한 방법을 연구하고, 상대적인 또는 절대적인 수치로 나타냈을 때의 다양한 느낌 등을 살펴보면서 어려움을 헤쳐 나갈 수 있을 것입니다.

최빈값, 중앙값, 평균, 범위

수로 이루어진 집합이 하나 주어지면, 모든 수를 더하고 전체 개수로 나누어 대푯값을 구할 수 있습니다. 이와 같이 구한 값을 '산술 평균' 또는 그냥 '평균'이라고 합니다. 평균은 가장 일반적으로 사용되는 값이며,

종종 대푯값이라고 하면 평균을 의미합니다. 수학자들과 통계학자들은 '평균'이라는 용어를 다른 대푯값인 중앙값, 최빈값과 구별하여 사용합니다. 그런데 대부분의 사람들이 평균을 대푯값으로 사용하는 데 아무런 불편이 없는데도 왜 아이들은 최빈값과 중앙값을 배워야 할까요?

중앙값이라고 하는 것은 말 그대로 자료의 중앙에 위치한 값을 말합니다. 자료의 절반은 중앙값보다 크고, 나머지 절반은 작습니다. 2개의 주사위를 5번 던져서 나온 두 눈의 합을 구해 봅시다. 아래는 실험에서 얻은 '자료'입니다.

$$7, \ 11, \ 11, \ 11, \ 5$$

(이 자료는 실제로 얻은 것입니다. 우리는 두 개의 주사위를 던졌고, 각 눈의 합을 구했습니다. 위와 같이 평범하지 않은 패턴은 생각보다 자주 발생합니다.)

자료를 크기 순서대로 놓습니다.

$$5, \ 7, \ 11, \ 11, \ 11$$

위 자료의 평균은 9입니다($5+7+11+11+11=45$, $45 \div 5=9$).

그리고 중앙값은 11입니다. 왜냐하면 가장 가운데 있는 값이니까요 (자료의 개수가 홀수이면 중앙값을 찾기 쉽습니다. 하지만 주사위를 6번 던졌다면, 가운데에 있는 값은 3번째와 4번째, 2개가 됩니다. 이 경우에는 두 수의 평균이 중앙값입니다.).

마지막으로 최빈값에 대하여 알아봅시다. 최빈값은 자료 중에서 가장 많이 나타나는 값을 말합니다. 위 주사위의 예에서 가장 많이 등장하는 값은 11입니다. 그러므로 최빈값은 11입니다.

어떤 대푯값이 가장 좋을까요?

여러분은 지금 청바지 가게에서 일하고 있습니다. 아침 판매 시간에 10벌의 청바지를 팔았는데, 팔린 청바지 사이즈는 다음과 같습니다.

28, 27, 29, 26, 29, 28, 30, 28, 30, 26

순서대로 다시 놓아 봅시다.

26, 26, 27, 28, 28, 28, 29, 29, 30, 30

이 자료의 평균은 28.1, 중앙값은 28, 최빈값도 28입니다. 만약 청바지를 더 주문해야 한다면 어떤 사이즈를 주문해야 할까요? 위에서 계산한 대푯값을 참조해 보세요. 그 어떤 값을 살펴보더라도 28입니다.

하지만 팔린 청바지 사이즈가 다음과 같을 때는 어떨까요?

24, 25, 25, 26, 26, 27, 28, 28, 28, 28

이 자료의 평균은 26.5, 중앙값은 26.5, 최빈값은 28입니다. 당신이라면 어떤 사이즈의 청바지를 주문하겠습니까? 시간이 흐를수록 팔리는 청바지의 수가 점점 증가할 텐데요. 이 경우에는 최빈값이 가장 유용한 대푯값임을 알 수 있습니다.

대푯값이 달라지면 자료에 대한 통찰력도 달라집니다. 어떤 '대표적인 값'을 찾느냐에 따라 알맞은 대푯값을 골라야 합니다.

대푯값의 또 다른 종류로 범위가 있습니다. 범위는 자료의 최솟값과 최댓값을 말하는데, 의사결정을 해야 하는 상황에서 유용합니다. 청바지 가게에서 6개월 동안의 판매 결과, 팔린 청바지 사이즈의 범위가 24~38이라고 합시다. 22나 40사이즈를 사들여야 한다는 의견이 있을까요?

 스스로 평가

iv) 주사위 점수

주사위 2개를 던져서 나온 눈의 합이 다음과 같습니다. 평균, 중앙값, 최빈값, 범위를 구하세요.

4, 11, 8, 6, 5, 6, 9, 11, 7, 2

가능성을 나타내는 말

확실치는 않지만, 미국에서 날씨 정보를 알려주던 어느 뉴스 진행자가 다음과 같이 이야기했다고 하는군요.

"토요일에 비가 올 가능성은 75퍼센트이고, 일요일에 비가 올 가능성은 25퍼센트입니다. 이 말은 주말 전반에 걸쳐 언젠가 비가 올 가능성이

100퍼센트가 된다는 의미입니다."

불행하게도 인생은, 그리고 확률은 이처럼 단순하지 않습니다. 만약 여러분이 내일 날씨가 어떨지 이미 안다면, 대출 상환금이 결코 바뀌지 않는다면, 아이들이 항상 정시에 학교에 갈 준비가 되어 있다면, 자동차가 항상 가장 앞줄에서 출발한다면, 인생이 아주 재미없어질 것입니다.

현실에서 우리는 불확실성으로 둘러싸여 있고, 전혀 예견할 수 없는 사건들에 대처하는 것이 삶을 살아가는 가장 중요한 기술 중 하나가 되었습니다. 이것이 현대 수학에서 확률을 공부하는 이유입니다. 확률은 오늘날 아이들의 중요한 학습 주제가 되었습니다.

초등학교에서는 확률에 대한 일반적인 이론을 이해하는 것이 목표입니다. 아이들은 결과가 항상 확실한 것은 아니라는 것(예를 들면, 내일 비가 올지 안 올지)을 이해하게 됩니다. 또, 어떤 것은 다른 것들보다 더 잘 일어난다는 것도 알게 됩니다. 여러분은 다양한 결과를 보여주는 확률과 관련된 용어를 매일매일 사용함으로써 아이들이 집에서도 확률적인 사고를 할 수 있도록 해 주세요.

- 내일 태양이 뜨는 것은 아주 확실합니다.
- 맨체스터 유나이티드가 다음 시즌에서 좋은 경기를 펼칠 것은 거의 확실합니다.
- 동전을 던져 땅에 떨어졌을 때, 앞면이 보일 수도 있고 그렇지 않을 수도 있습니다(50 대 50).
- 6월에 눈이 오는 것은 거의 불가능합니다.
- 절대로 이 닭이 낳는 달걀 안에 금화가 들어 있을 수는 없습니다.

GAME 주사위 빙고

이 게임은 온 가족이 즐길 수 있는 즉석 빙고 게임입니다. 두 개의 주사위를 던져서 나온 눈의 수를 합하여 빙고의 숫자를 결정합니다. 게임을 하는 방법은 다음과 같습니다. 빙고 카드에는 8개의 사각형이 그려져 있으며, 각자 한 장의 빙고 카드를 받아서 2에서 12까지의 수(주사위 두 눈의 수의 합은 이 범위 안에 있으니까요.)를 카드의 빈 사각형 안에 적습니다. 주사위를 던져서 여러분이 카드에 적은 수가 나올 때마다 그 수를 지우세요. 가장 먼저 숫자를 모두 지운 사람이 승자입니다. 일반 빙고와 달리 한 번 적었던 수를 다시 적어도 괜찮습니다. 원한다면 12로 모든 사각형을 채워도 좋습니다. 하지만 주사위를 던져서 12가 나왔을 때, 한 번만 지울 수 있습니다. 아래 그림은 빙고 카드의 한 예입니다.

5	7	8	9
9	10	12	12

이 게임은 행운과 기술의 절묘한 조합이 필요합니다. 주사위의 눈이 어떤 수가 나올지 아무도 알 수 없기 때문에 행운이 필요합니다. 여러

분이 조심스럽게 숫자를 잘 선택한다면, 확률을 높일 수 있기 때문에 기술도 필요합니다.

아래 그려진 막대그래프는 2개의 주사위를 던졌을 때, 2와 12 사이의 값이 얼마나 자주 일어날 수 있는가를 나타내고 있습니다. 예를 들면 두 눈의 수의 합이 2 또는 12가 되는 경우는 단 한 번(1+1과 6+6)뿐이고, 3이 되는 경우는 두 번(1+2, 2+1)입니다. 반면에 7이 되는 경우는 여섯 번(1+6, 2+5, 3+4, 4+3, 5+2, 6+1)이나 됩니다. 합해서 7이 나오는 경우가, 합해서 2가 나오는 경우보다 6배나 됩니다.

그렇기 때문에 카드를 12로 채우는 것은 좋은 방법이 아닙니다. 확률이 가장 낮으니까요. 하지만 카드를 7로만 채우는 것은 어떨까요? 글쎄요. 그것도 그리 현명한 방법이 아닐 수도 있습니다. 7은 좀 더 가능성이 있다는 것이지, 매번 나타난다는 것은 아니니까요. 최고의 배팅은 6, 7, 8로 조합하는 것입니다(5와 9를 넣어도 좋습니다.).

5
어린이들을 위한
위대한 아이디어

—

문제 다음 물음에 답하라.

1 1주일은 며칠로 이루어져 있을까요?

　답 7

2 1년은 몇 달로 이루어져 있을까요?

　답 12

3 다음 숫자가 홀수인지 짝수인지 쓰세요. 68

　답 짝수

4 3번 문제의 답을 어떻게 알았나요?

　답 나는 똑똑하니까

이렇게 자신감이 강한 아이들이 위대하게 자랄 수 있도록 키워야 하겠죠?

지금까지 이 책에서는 아이들이 초등학교에 가서 처음으로 접하는 수학에 대하여 주로 다루었습니다. 하지만 정말로 중요한 것들―예를 들면, 대수, 기하, 로그, 무한대 개념―은 어떻게 해야 할까요? 중, 고등학교에 가서 배우면 될까요? 물론 교육 과정이 개설된 단계에서 배우는 것이 당연합니다. 하지만, '고등 수학' 속에는 반짝거리는 열 살 아이들이 충분히 이해하고, 심지어는 아이들의 흥미를 자극하는 많은 아이디어가 들어 있습니다. 이번 단원에서는 아이들과 함께 할 만한 일곱 가지 고등 수학을 소개하려고 합니다. 약간의 '마술'을 곁들여서 말이지요.

숫자 생각하기(대수를 이용한 마술)

여러분이 좋아하는 숫자 하나(10보다 작은 수 가운데 아무거나 하나를 골라도 좋습니다.)를 생각하세요.

그 수를 2배 하세요.

10을 더하세요.

다시 2로 나누세요.

마지막으로, 여러분이 처음 생각한 수를 빼세요.

이제, 계산 결과 남은 수를 맞혀 보겠습니다. 5입니다. 당연히 그래야 합니다.

아이들은 이 '마술'을 독심술이라도 되는 것처럼 아주 좋아합니다. 하지만 주의해야 합니다. 열 살 미만인 아이들은 계산하다가 실수를 자주 하기 때문에, 5가 아닌 다른 숫자가 남는 경우가 많습니다. 이 경우에는 마술의 진가를 발휘할 수 없게 됩니다. 아이들은 '뭔가 알아낼 수' 있을 때까지 계속해서 하려고 합니다. 이런 과정에서 마술이 통하지 않는 숫자를 찾아냈다고 생각하기도 합니다. 하지만 이런 경우는 계산이 틀릴 때뿐입니다. 그래서 아이들이 5가 나오지 않았다고 이야기한다면, 어떤 숫자부터 시작했는지 이야기하도록 하십시오. 그리고 아이들과 함께 계산하세요. 그런 뒤에는 웃으며 결국 5에서 멈춘다는 사실을 '발견'해 주세요. 아주 큰 수로 시작하든, 소수로 시작하든, 음수로 시작하든 결과는 항상 5가 됩니다.

계산을 한다는 것 자체는 기본적인 암산 능력 향상을 위해서 좋습니다. 하지만 아마도 아이들은 왜 그렇게 되는지 궁금할 것입니다. 그럼 다음과 같이 설명해 주세요. 먼저 아이들이 생각한 수에 이름을 붙입니다. '방울'처럼 재미있는 이름을 붙여 보세요. 그리고 숫자 방울이 봉투 속에 잘 보관되어 있다고 상상합시다. 이제 방울을 이용해서 마술을 펼칩시다.

- 숫자를 생각하세요 : 방울

- 2배를 하세요. 그럼 어떻게 되나요? 방울 방울(또는 2방울)
  이 말은 방울이 들어 있는 봉투가 2개라는 의미입니다.

- 10을 더하세요. 이 말은 무언가가 10개 있다는 말입니다. 그러면
  손가락이 10개 있다고 할까요? 이제 여러분은 방울 2개와 손가락
  10개를 갖고 있습니다.

- 가지고 있는 수를 2로 나누세요. '방울 2개와 손가락 10개'를 반으
  로 나누면, '방울 1개와 손가락 5개'가 됩니다.

- 마지막으로 여러분이 처음에 생각한 수 방울을 빼세요. '방울 1개
  와 손가락 5개'에서 방울을 빼면, 손가락 5개가 남습니다.

다시 말하면, 이 마술에서는 여러분이 처음에 생각한 수(방울)가 무엇이었는가는 전혀 상관없습니다. 왜냐하면 마지막에 항상 방울을 제거하기 때문입니다. 그래서 숫자 5만 남게 됩니다.

우리는 마술의 원리를 설명하기 위하여 임의의 숫자 대신 방울을 사용하였습니다. 이렇게 설명하는 방식을 대수라고 부릅니다. 우리가 사용한 대수와 중학교에서 배우는 대수의 주요한 차이점은 학교에서는 방울처럼 귀여운 용어 대신에 x나 y처럼 딱딱한 문자를 사용한다는 것입니다. 어른들은 왜 숫자 대신 문자를 사용하여 나타내는지 전혀 이해할 수 없다며 불평을 늘어놓습니다. 방울 마술은 미지수에 이름을 붙이는 것이 얼마나 유용한가를 보여주는 한 예입니다.

또한 여러분은 이 마술의 기본적인 흐름을 알게 되었으니, 중간에 명령을 바꾼다면 결과가 어떻게 될지 예측할 수 있습니다. 예를 들어, 결과가 항상 6이 나오도록 하려면 무엇을 어떻게 바꿔야 할까요?(답 : 10대

신에 12를 더합니다.) 만약 2배 대신에 3배를 하면 어떻게 될까요? 변화를 줄 수 있는 방법은 무궁무진합니다.

색칠하기

수학은 전혀 예상치 못한 곳에서 나타날 수 있습니다. 그 한 예가 바로 지도 색칠하기입니다. 지도를 색칠하다 보면, 인접한 영역을 같은 색으로 칠한다면 구별이 되지 않아 불편하다고 생각하게 됩니다. 실제로 지도를 색칠할 때 인접한 영역(한 점에서만 접하는 영역도 똑같이 생각합니다.)의 색깔이 겹치지 않도록 하려면, 많아야 4가지 색이면 충분하다는 사실을 경험적으로 알고 있었고, 이를 증명하기 위하여 수학자들은 100년 이상 매달렸습니다. 여러분은 한반도 지역 전체를 오로지 빨강, 초록, 노랑, 파랑만으로 칠할 수 있습니다(파랑은 바다). 스스로 해결해 보세요.

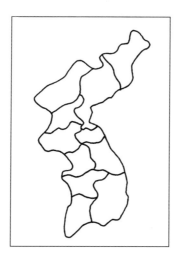

이 문제를 약간 변형해 봅시다. 종이의 빈 공간에 연필을 종이 위에서 떼지 않고 선을 자유롭게 그리세요. 이때 선은 시작한 점에서 끝나도록 해야 합니다. 아래와 같이 그림을 그렸다고 합시다.

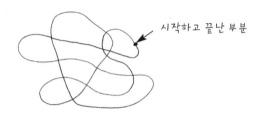

시작하고 끝난 부분

여러분이 그린 지도를 색칠하기 위해서는 몇 가지 색이 필요할까요? 단 두 가지 색만 있으면 충분합니다. 예를 들어 검은색과 흰색을 사용한다면, 이웃하는 영역의 색이 겹치지 않도록 아래와 같이 색을 칠할 수 있습니다.

이 정도는 아이들도 충분히 할 수 있습니다. 그러나 왜 이렇게 되는지 증명하려면 그래프 이론이라고 하는 다소 복잡한 수학 이론이 필요합니다. 그래프 이론은 대단히 흥미로운 이론입니다만, 초등학교에서 다루기에는 어렵습니다.

독심술 카드 (이진법의 수를 이용한 마술)

구관이 명관이라는 말이 있습니다. 크리스마스 크래커*나 어린이용 마술 세트에서 여전히 보이는 '독심술' 마술 카드를 생각해 보면 맞는 말이라는 생각이 듭니다. 이 마술을 진행하기 위해서는 다음의 숫자 카드 4장이 필요합니다.

첫 번째 카드

8	9	10	11
12	13	14	15

두 번째 카드

4	5	6	7
12	13	14	15

세 번째 카드

2	3	6	7
10	11	14	15

네 번째 카드

1	3	5	7
9	11	13	15

게임은 다음 순서를 따릅니다. 1부터 15까지의 수 가운데에 하나를 생각하세요. 어떤 수를 골랐는지 말하지는 마세요. 이제 여러분에게 4장의 카드를 순서대로 보여주면서 다음과 같이 질문을 할 것입니다. "이 카드에 당신이 생각한 수가 있습니까?" 만약 여러분이 그렇다고 대답하면, 그 카드를 한쪽으로 옮겨 놓습니다. 4장의 카드를 다 확인한 뒤에, 여러분이 생각한 수를 알아낼 수 있습니다!

방법은 간단합니다. 여러분이 생각한 수가 들어 있는 카드를 보면서

---

* 영국에서 크리스마스 파티나 만찬 때 쓰는 것으로, 두 사람이 양쪽 끝을 잡고 당기면 폭죽 터지는 소리가 나게 만든 튜브 모양의 긴 꾸러미. 속에는 보통 종이 모자나 작은 선물 등이 들어 있습니다.

카드의 가장 왼쪽 위에 있는 수를 모두 더하면 됩니다.

예를 들어 보겠습니다. 여러분이 13을 생각했다고 합시다. 이 수는 세 번째 카드만 제외하고 모든 카드에 들어 있습니다. 13을 갖고 있는 카드의 가장 왼쪽 위에 적힌 수는 1, 4, 8입니다. 모두 더해 보세요. 1+4+8=13. 어때요? 맞죠? 하지만 어떻게 이렇게 될까요?

아래에 적힌 숫자를 잘 살펴보세요.

1, 2, 4, 8, 16, 32, 64

이 수들을 2의 거듭제곱이라고 합니다. 각 숫자는 이전 수의 2배입니다. 이 숫자들이 독심술 카드 마술의 비밀입니다. 각 카드에 적혀 있는 첫 번째 수들이 바로 2의 거듭제곱입니다.

임의의 자연수는 서로 다른 2의 거듭제곱의 합으로 나타낼 수 있습니다. 예를 들어 볼까요?

6은 4 더하기 2입니다.

9는 8 더하기 1입니다.

14는 8 더하기 4 더하기 2입니다.

1부터 15까지의 모든 수는 다음과 같이 만들 수 있습니다.

	8	4	2	1
1	아니요	아니요	아니요	예
2	아니요	아니요	예	아니요
3	아니요	아니요	예	예
4	아니요	예	아니요	아니요
5	아니요	예	아니요	예
6	아니요	예	예	아니요
7	아니요	예	예	예
8	예	아니요	아니요	아니요
9	예	아니요	아니요	예
10	예	아니요	예	아니요
11	예	아니요	예	예
12	예	예	아니요	아니요
13	예	예	아니요	예
14	예	예	예	아니요
15	예	예	예	예

각 숫자는 예와 아니요의 조합으로 유일하게 표현할 수 있습니다. 예를 들면, 3은 '아니요 아니요 예 예'이고, 13은 '예 예 아니요 예'가 됩니다. 이제 예를 1로, 아니요를 0으로 바꾸면, 3은 0011이 되고, 13은 1101이 됩니다. 이 숫자들은 컴퓨터에서 주로 사용하는 이진법의 수입니다. 컴퓨터는 예/아니요로 명령을 전달하기 때문에 이진법의 수를 사용합니다. 이것이 이진법의 수를 아주 중요하게, 아마도 세상에서 가장 중요한 숫자 체계로 만들었습니다.

각 카드에 어떤 수를 넣어야 하는지 결정하기 위해서, 위 표에서 '예'가 적혀 있는 세로 열을 보세요. 첫 번째 열(8이라고 적힌)에는 8, 9, 10, 11, 12, 13, 14, 15에 '예'가 있습니다. 그러므로 이 숫자들이 첫 번째 카드에 들어갑니다. 두 번째 열(4라고 적힌)에는 4, 5, 6, 7, 12, 13, 14, 15에 '예'가 있습니다. 이 숫자들이 두 번째 카드에 들어갑니다. 같은 방법으로 계속합니다.

카드를 4장이 아니라 5장으로 만들 수도 있습니다. 각 카드에 들어갈 숫자를 정하기 위해서는 좀 더 큰 표를 만들어야 합니다. 세로로 열을 하나 더 만들고(위에 16이라고 씁니다.) 아래로 칸을 더 만들어 1에서 31까지 적습니다. 31은 1, 2, 4, 8, 16을 더해서 만들 수 있는 가장 큰 수입니다. 그러면 다음과 같은 5장의 카드를 만들 수 있습니다.

1	3	5	7	9	11
13	15	17	19	21	23
25	27	29	31		

2	3	6	7	10	11
14	15	18	19	22	
23	26	27	30	31	

4	5	6	7	12	13
14	15	20	21	22	
23	28	29	30	31	

8	9	10	11	12	13
14	15	24	25	26	
27	28	29	30	31	

16	17	18	19	20	21
22	23	24	25	26	27
28	29	30	31		

자, 1에서 31 사이의 수를 선택할 '희생자'를 골라 볼까요? 마술을 시작합시다.

거듭제곱의 힘

우주 전체를 가득 채우려면 얼마나 많은 모래알이 있어야 할까요? 우주를 가득 채울 만큼 충분한 모래가 있지 않으니까, 참으로 어리석은 질문이라고 할 수 있습니다. 하지만 아이들은 이런 질문을 좋아합니다. 뿐만 아니라 질문에 대하여 이런 식으로 써서 대답하는 사람도 있더군요.

300000000000000000000000000000000000000000000000000000000000000000000000000000000000000000000000000

종이에 적으려면 엄청나게 긴 숫자입니다. 하지만 다행스럽게도 수학자들은 이 수를 간단히 나타낼 수 있는 방법을 알고 있습니다. 이 엄청난 숫자는 3×10^{90}으로 나타낼 수 있습니다. 작은 첨자 90을 거듭제곱 또는 지수라고 합니다. 또한 경우에 따라서는(조심하세요. 공포의 단어가 등장합니다!) 로그(밑이 10인)라고도 합니다.

대부분의 부모들은 학교에서 로그를 처음 배우던 순간을 기억할 것입니다. 하지만 그게 무엇이고 어떻게 계산하는지는 가물가물할 것입니다. 그러나 지수나 로그에서 다루어지는 원리는 열두 살 아이도 충분히 이해할 수 있습니다.

한 변의 길이가 10미터인 정사각형의 넓이가 10×10이라는 사실을 떠올리면서 시작합시다. 이것은 간단히 10^2으로 쓸 수 있습니다. 10이 2번 곱해지기 때문에 등장하는 횟수를 더하여 지수에 씁니다. 아주 합리적인 표현이죠.

그래서 $10 \times 10 \times 10$을 10^3이라고 쓸 수 있습니다. 그렇다면 $10^3 \times$

10^2은 무엇일까요? 이 식을 풀어 써 보면 $10 \times 10 \times 10 \times 10 \times 10$ 또는 100000입니다. 하지만 줄여서 쓰면 10^5입니다. 처음 곱셈에 있던 작은 수(3과 2)가 간단히 더해져서 답에서는 5로 나타난다는 사실에 주목해 주세요.

이렇게 더해서 식을 계산하는 방법은 항상 성립할까요? $10^2 \times 10^4$ 의 답이 무엇일까요? 만약에 더하는 방법이 성립한다면, $2+4=6$ 이므로 답은 10^6이 되어야 합니다. 그럼 빨리 확인해 볼까요. $100 \times 10000 = 1000000$입니다. 정답이군요.

이와 같이 로그는 곱셈을 덧셈으로 바꿀 수 있습니다. 그리고 밑이 어떤 수가 되더라도 항상 성립합니다. 그래서 $3^2 \times 3^4 = 3^6 (2+4=6$이므로) 입니다. 풀어 써 보면 $3 \times 3 (9)$ 곱하기 $3 \times 3 \times 3 \times 3 (81)$은 $3 \times 3 \times 3 \times 3 \times 3 \times 3 (729)$과 같습니다. 숫자가 너무 커서 계산기 사용이 어려울 때, 이 방법을 사용하면 편리합니다. 그래서 $17^9 \times 17^4$을 계산할 때, 계산기는 '에러' 메시지를 내보내겠지만 자신 있게 17^{13}이라고 말할 수 있습니다.

지금까지 설명한 개념들은 고등 수학에서 다루는 내용입니다. 그래서 일부 내용은 아이들에게 너무 어려울 수도 있습니다. 하지만 많은 아이들은 엄청나게 큰 수에 매력을 느낍니다. 또한, 우주의 크기를 단지 서너 개의 수(10^{91}처럼)로 나타낼 수 있다는 것도 우리가 함께 공유해야 할 수학적 신비가 아닐까요?

삼각형의 넓이 구하기

다시 일상적인 숫자로 돌아가 봅시다. 앞쪽 측정 단원에서 삼각형의 넓이를 대략적으로 알아내기 위하여 정사각형의 개수를 세는 방법을 이용했습니다. 하지만 많은 사람들이 이미 알고 있듯이, 삼각형의 넓이를 정확히 계산하는 공식이 있습니다. 바로 '밑변×높이×$\frac{1}{2}$'입니다.

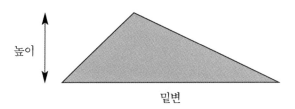

만약 삼각형의 밑변이 6미터이고 높이가 3미터라면 넓이는 $3 \times 6 \times \frac{1}{2} = 9$제곱미터가 됩니다.

그런데 왜 삼각형의 넓이는 밑변×높이×$\frac{1}{2}$일까요? 그 이유를 기억하고 있는 부모는 거의 없습니다. 단지 공식만 기억하고 있을 뿐이죠.

사실 그 이유는 아주 간단합니다. 그래서 여러분이 잘 이해한 뒤에 아이들에게 가르쳐 줄 수 있습니다. 아무 삼각형이나 하나 고르세요. 그리고 삼각형의 가장 긴 변이 아래로 오도록 도형의 위치를 이동합니다.

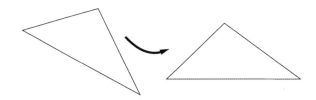

이제 삼각형을 내부에 포함하는 꼭 들어맞는 상자 하나를 상상해 보세요. 그리고 삼각형의 위쪽 꼭짓점에서 밑변에 수선을 그으세요.

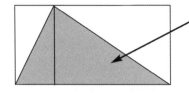

둘로 나누어진 각각의 삼각형은 직사각형의 절반에 해당됩니다. 그래서 삼각형 전체의 넓이는 직사각형 전체 넓이의 절반이 됩니다. 다시 말하면 밑변×높이의 반이 되는 거지요.

이렇게 직사각형을 놓아 보면 삼각형으로 바닥 타일을 까는 작업이 왜 가능한지 알 수 있습니다.

처음의 삼각형 두 개를 나란히 붙여 봅시다. 두 삼각형 사이의 공간은 원래 삼각형을 뒤집은 모양과 항상 일치합니다. 그래서 삼각형은 길게 이어지는 직사각형 모양의 띠에 꼭 들어맞습니다.

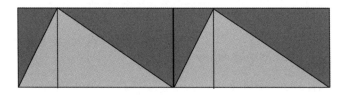

이런 설명 방법을 증명이라고 합니다. 위에서 우리는 그림을 그려서 수학적인 성질을 증명했습니다. 증명은 수학에서 아주 중요하게 다루는 원리 중 하나입니다. 삼각형의 모양과 관계없이, 현재, 과거, 미래 그 어느 때에도 삼각형의 넓이는 밑변×높이×$\frac{1}{2}$ 이 된다는 것을 설명할 수 있는 것이 바로 증명입니다. 아주 강력한 수학의 도구입니다.

신비스런 도형, 원

아주 오래전부터 전해져 내려오는 다음과 같은 퍼즐이 있습니다. 옛날에 한 농부가 살았습니다. 그는 염소 한 마리와 120미터가 되는 울타리를 갖고 있었는데, 가능한 한 커다란 풀밭을 소유하고 싶었습니다.

그래서 그는 처음에 한 변의 길이가 40미터인 정삼각형 모양의 땅을 만들었습니다(그래야 둘레의 길이가 120미터가 됩니다.).

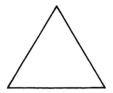

이 땅의 넓이는 700제곱미터가 채 되지 않았습니다(밑변은 40미터이고, 높이는 35미터보다 작습니다.).

농부는 어떻게 했을까요? 그는 120미터를 정사각형의 둘레로 바꿨습니다. 그래서 30×30인 정사각형을 만들었습니다.

이제 넓이는 30×30 = 900제곱미터가 되었습니다. 이것으로부터 울타리의 길이가 정해져 있는 경우에, 정사각형의 넓이가 정삼각형보다 더 넓다는 것을 알 수 있습니다.

다음으로 농부는 한 변의 길이가 20미터인 정육각형을 만들었습니다.

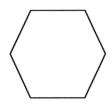

그랬더니 넓이는 약 1039제곱미터가 되었습니다(이 넓이를 계산하기 위해서는 정육각형의 한 변을 변으로 하는 정삼각형의 넓이를 계산한 뒤에 6을 곱하면 됩니다.).

따라서 둘레의 길이가 주어진 경우에 이 길이를 둘레로 하는 도형 중에서 변의 개수가 많은 도형일수록 넓이가 더 커진다는 사실을 알 수 있습니다.

이러한 작업을 계속 진행해서 정십각형, 정이십각형, 이렇게 계속 변의 개수를 증가하다보니 농부가 만든 땅의 모양은 원과 비슷해졌습니다. 실제로 원은 무한개의 변을 가진 다각형입니다. 만일 농부가 120미터의 둘레로 원 모양을 만들었다면 넓이가 1150제곱미터인 영역을 얻을 수 있습니다. 이 넓이는 그가 처음에 그렸던 정삼각형보다 훨씬 넓으며 실제로 둘레의 길이가 120미터인 도형 중에서 가장 넓이가 넓은 도형입니다. 이것은 원이 가지고 있는 아주 중요한 성질들 중의 하나이며, 기하에서 원을 중요하게 다루고 있는 이유이기도 합니다.

그런데 답을 얻을 때까지 조금씩 조금씩 무한히 단계를 진행하는 이러한 방법은 미적분학이라고 하는, 고등 수학에서 넓이를 얻어 내는 아주 중요한 기법 가운데 하나입니다. 고등 수학의 대부분은 미적분학의 영향 아래 있으며, 우리는 무한히 작아지는 수학적인 아이디어를 만들어 낸 뉴턴에게 감사해야 합니다. 이제 마지막 주제로 이동해 봅시다.

무한대와 그 너머

아이들은 일곱 살이나 여덟 살 정도부터 '무한대'라는 개념에 흥미를 갖게 되는데, '가장 큰' 수를 생각할 수 있기 때문입니다. 무한대라는 말은 사실 아주 낯선 개념입니다. 힐베르트*의 호텔에 대한 이야기를 들으면서 무한대에 대한 통찰력을 가질 수 있을 것입니다.

무한개의 방을 갖고 있는 호텔이 있었습니다. 그 호텔의 이름은 힐베르트 호텔입니다. 믿기 힘들겠지만, 어느 날 호텔이 손님으로 가득 찼습니다. 그런데 한 남자가 나타나서는 방이 있느냐고 물었습니다. 지배인은 잠시 생각에 잠기더니 "운이 좋으시네요, 손님. 방이 있습니다."라고 말했습니다. 지배인은 투숙객들에게 "손님들께서 지금 묵고 계신 방 번호보다 하나 더 많은 숫자의 방으로 이동해 주십시오."라는 전갈을 보냈습니다. 1번 방에 묵고 있는 손님은 2번 방으로, 2번 방에 묵고 있는 손님은 3번 방으로, 3번 방에 묵고 있는 손님은 4번 방으로……. 모든 숫자들은 아무리 그 숫자가 크다고 할지라도 항상 1만큼 큰 수가 존재합니다. 그래서 모든 손님들은 방에 들어갈 수 있었고, 1번 방을 제외한 모든 방은 손님으로 가득 찼습니다. 지배인은 새로 온 손님에게 1번 방 열쇠를 건넸습니다.

참으로 희한하죠? 하지만 위 이야기를 통해 여러분은 "무한대 더하기 1은 얼마인가요?"라는 질문에 대한 답을 할 수 있습니다. 무한대 더하기 1은 무한대입니다. 대부분의 중학교 학생들(심지어는 고등학교 3학년 학생조차도)은 무한대 더하기 1과 힐베르트 호텔에 대한 이야기를 이해하지 못합니다. 사실 이러한 주제들은 대학에 가서야 논의됩니다. 그러나 열살 정도의 아이들도 이러한 주제에 흥미를 느끼고 있다는 사실을 알게 될 것입니다.

---

* 힐베르트는 20세기를 대표하는 수학자입니다. 독일에서 태어난 그는 무한에 대한 이해를 돕기 위하여 힐베르트 호텔이라는 재미있는 예를 만들어 냈습니다.

이 이야기는 후편도 있습니다. 다음 날 한 대의 버스가 도착해서는 무한대의 사람을 내려놓았습니다. 호텔은 여전히 꽉 찬 상태입니다. 그렇다면 어떻게 해야 할까요? 다행스럽게도 지배인은 묘안을 짜냈습니다. 이번에는 손님들에게 지금 묵고 있는 방 번호의 2배가 되는 번호의 방으로 옮기라고 전갈을 보냈습니다. 1번 방에 묵고 있는 손님은 2번 방으로, 2번 방에 묵고 있는 손님은 4번 방으로……. 모든 숫자들은 두 배인 수가 존재하기 때문에 모든 손님들은 방을 찾을 수 있었습니다. 아래와 같이 두 개의 수직선을 그려 보면, 어떤 일이 일어났는지 쉽게 알 수 있을 것입니다.

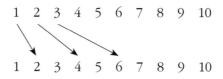

호텔에 묵었던 모든 손님들은 짝수 번호 방으로 이동했습니다. 이 말은 홀수 번호의 방은 모두 비어 있다는 말이 됩니다. 홀수는 무한 개이기 때문에 무한 명의 새로 온 손님들은 방을 얻을 수 있었습니다. 이 말은 무한대의 2배는 역시 무한대와 같다는 의미입니다.

무한대를 뛰어넘는 것은 정말 불가능해 보입니다. 그런데, 이 문제를 보면 꼭 그렇지만도 않습니다. 만약 새로 한 대의 버스가 도착해서 무한의 승객을 내려놓았다고 합시다. 이번 승객들은 0과 1 사이에 있는, 각각 다른 소수가 하나씩 적혀 있는 티셔츠를 입고 있습니다. 이것은 호텔 방보다 승객 수가 더 많다는 말입니다. 무한대에는 우리가 셀 수 있는 무한대와 그보다 더 큰 무한대가 있습니다. 하지만 이런 내용은 수준이 너무 높아서 아이들이 좀 더 성숙할 때까지 기다려야 할 듯합니다.

스스로 평가
정답

수와 자릿값 (P. 40)

각 자릿수를 나누어 생각하면 편리합니다. 124는 100＋20＋4로 나타낼 수 있습니다. 그런데 우리는 지금 8을 단위로 하는 수를 다루고 있기 때문에, 20은 이십(10이 2개인)을 나타내는 것이 아니라, 8이 2개 있다는 것을 의미합니다. 그러므로 위 식에서 20은 십진법으로 나타내면 16이 됩니다. 같은 이유로 위 식에서 100은 8이 8개인 수가 1개 있다는 의미입니다. 그러므로 십진법으로는 64가 됩니다. 결국 8진법으로 나타낸 수 124는 십진법으로 64＋16＋4 또는 84가 됩니다. 어려운가요? 아이들이 처음에 자릿값을 이해하기가 얼마나 어려웠을까 상상해 보세요.

덧셈과 뺄셈 : 머리셈하기

ⅰ) 머리셈, 아니면 종이와 연필? (P. 67)

대부분 암산이 가능합니다.

a. 생각 : 152로부터 2를 가져와서 148에 더하면 주어진 식은 다음과

같이 바뀝니다.

150 + 150 = 300

b. 생각 : 300에서 150을 빼면 150이 됩니다. 그러므로 300에서 148을 빼면 152가 됩니다.

c. 숫자가 좀 지저분하군요. 종이와 연필을 이용하거나 계산기를 사용하세요.

d. 생각 : 698은 700에 가깝습니다. 그러므로 843 − 700 = 143을 계산합니다. 이는 실제보다 2를 더 많이 뺀 것입니다. 즉, 143 + 2 = 145가 답이 됩니다.

e. 생각 : 5003로부터 3을 가져와서 4997에 더해 줍니다. 그러면 5000 + 5000이 됩니다.

f. 생각 : 6002에서 4000을 뺍니다. 그러면 2002가 됩니다. 실제보다 1을 더 많이 뺐기 때문에 다시 1을 더해 줍니다. 그러므로 답은 2003입니다.

ii) 수직선 (P. 73)

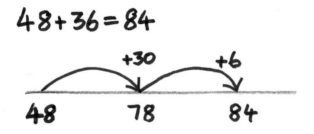

iii) 수직선 이용하기 (P. 77)

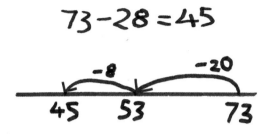

iv) 얼마일까? (P. 82)

a. 50,000원을 내고 받아야 할 잔돈을 구하기 위하여 다음과 같이 계
산합니다.

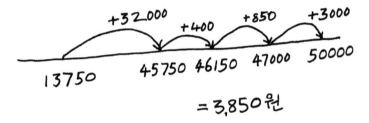

$$= 3,850원$$

b. 가격의 차를 계산하기 위해서는 일반적인 뺄셈으로 처리하는 것이
편리합니다. 즉, $32400 - 13750 = 32400 - 14000 + 250 = 18650$

덧셈과 뺄셈 : 종이와 연필을 이용하는 방법

i) 쪼개기를 이용한 덧셈 (P. 95)

a. $147 + 242 =$

100	40	7
200	40	2
300	80	9

$= 389$

b. $368 + 772 =$

300	60	8
700	70	2
1000	130	10

$= 1140$

ii) 쪼개기를 이용한 뺄셈 (P. 96)

a. $847 - 623 =$

800	40	7
600	20	3
200	20	4

$= 224$

b. 아래 식은 가능한 하나의 예입니다.

$$721-184 = \begin{array}{c|c|c} 600 & 110 & 11 \\ 100 & 80 & 4 \\ \hline 500 & 30 & 7 \end{array}$$

$$=537$$

iii) 이 답은 왜 틀릴까요? (P. 99)

a. $3865+2897=6761$ … 일의 자리의 수는 2이어야 합니다. 왜냐하면 $5+7=12$이기 때문입니다(다른 이유를 들 수도 있습니다. 두 홀수의 합은 반드시 짝수가 되어야 합니다.).

b. $4705+3797=9502$ … 4705는 5000보다 작고, 3797은 4000보다 작습니다. 그러므로 두 수의 합은 $5000+4000$보다 작아야 합니다.

c. $3798-2897=1091$ … 답은 $3800-2900$보다 작아야 합니다. 그러므로 1000보다도 작아야 합니다.

간단한 곱셈과 곱셈표

i) 8×7 계산하기 (P. 114)

8×7은 다음과 같이 계산합니다.

$2 \times 7 = 14 \rightarrow$ 이 수를 2배 합니다. 28. $\rightarrow$ 다시 2배 합니다. 56.

ⅱ) 보수 이용하기 (P. 115)

9×78은 10×78(=780)에서 78을 빼는 것과 같습니다. 그러므로 702가 됩니다(물론 다른 방법을 이용할 수도 있습니다. 먼저 9×80(=720)을 계산합니다. 그리고 9×2(=18)을 빼도 좋습니다.).

ⅲ) 케이크 (P. 117)

60×9를 계산하면 됩니다. 이것은 6×9(=54)를 계산한 후에, 10을 곱하면 됩니다(=540). 여러분은 이 값을 구하기 위하여 곱셈구구 6단과 9단 중에서 어느 것을 이용했나요?(혹시 대답할 수 없나요!)

ⅳ) 같은 것끼리 짝짓기 (P. 119)

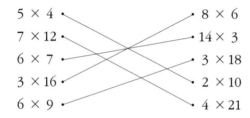

ⅴ) 11단 (P. 123)

a. 33×11=363

b. 11×62=682

c. 47×11=517

큰 수의 곱셈

i) 격자 그리기 1 (P. 132)

$$200 + 60 + 30 + 9 = 299$$

ii) 왜 아래 계산이 틀렸을까요? (P. 135)

a. $37 \times 46 = 1831$ ··· 46이 짝수이기 때문에 답도 짝수이어야 합니다.

b. $72 \times 31 = 2072$ ··· $70 \times 30 = 2100$입니다. 그러므로 답은 2100보다 커야 합니다.

c. $847 \times 92 = 102714$ ··· $1000 \times 100 = 100000$입니다. 그러므로 답은 100000보다 작아야 합니다.

iii) 격자 그리기 2 (P. 136)

다음과 같이 계산합니다.

	9000	400	70
60	540000	24000	4200
2	18000	800	140

이제 표에 있는 수를 더하기만 하면 됩니다. 587,140원입니다(여러분도 알다시피, 큰 수의 곱셈을 할 때 격자 그리기는 좀 번거롭습니다. 그러나 계산은 확실합니다!).

나눗셈

i) 수열 (P. 143)

43   34   25   16   7

이 문제는 나눗셈과 뺄셈이 어떻게 연결되는지 보여 주는 좋은 예입니다. 먼저, 맨 앞에 있는 수와 맨 뒤에 있는 수의 차를 계산합니다. 43 − 7 = 36. 43부터 7까지 네 단계로 수가 줄어들기 때문에, 각 단계는 36÷4 = 9씩 줄어들면 됩니다.

ii) 소수 찾기 (P. 144)

37, 47, 67이 소수입니다.

iii) 약수 고르기 (P. 146)

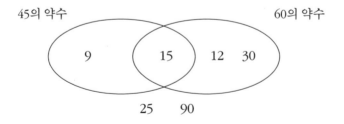

iv) 배수 알아내기 (P. 149)

a. 28734 (2의 배수)   맞습니다 (일의 자리가 짝수이므로.).

b. 9817 (5의 배수)   아닙니다 (일의 자리가 0 또는 5이어야 합니다.).

c. 183 (3의 배수)   맞습니다 (각 숫자의 합이 12입니다.).

d. 4837 (9의 배수)   아닙니다 (각 숫자의 합이 22입니다.).

e. 28316 (6의 배수)   아닙니다 (각 숫자의 합이 20입니다.).

v) 덩어리로 나누기 1 (P. 153)

$$
\begin{array}{r}
8\,\overline{)\,336} \\
320 \qquad 40\times \\
\hline
16 \\
16 \qquad 2\times \\
\hline
= 42
\end{array}
$$

vi) 덩어리로 나누기 2 (P. 155)

$$
\begin{array}{r}
22\,\overline{)\,739} \\
660 \qquad 30\times \\
\hline
79 \\
66 \qquad 3\times \\
\hline
13 \\
= 33 \text{ 나머지 } 13
\end{array}
$$

vii) 아래 답이 틀린 이유는 무엇일까요? (P. 156)

a. 223÷3=71 ⋯ 223은 3으로 나누어떨어지지 않습니다(각 숫자의
합이 7이기 때문입니다.). 그러므로 답이 정수로 나오지 않습니다.

b. 71.8÷8.1=9.12 ⋯ 이 식은 72÷8(=9)과 비슷합니다. 그런데
71.8은 72보다 작고 8.1은 8보다 크기 때문에 답은 9보다 작아야
합니다.

c. 161.483÷40.32=41.36 ⋯ 소수점 때문에 혼란스러워하지 마십
시오. 이 식의 답은 160÷40(=4)과 비슷할 것입니다. 그러므로 10
배나 큰 수가 답이 될 수는 없습니다!

분수, 퍼센트, 소수

i) 소시지 분수 (P. 168)

a. $\frac{6}{7}$이 더 큽니다. 아이들의 수는 같은데, 소시지의 수가 더 많기 때
문입니다.

b. $\frac{4}{11}$가 더 큽니다. 소시지는 더 많고, 아이들은 더 적기 때문입니다.

c. 소시지를 사용하여 결과를 찾아내기 어렵습니다.

ii) 수가 큰 분수 약분하기 (P. 172)

40은 분모에 있는 5×4×2로 약분됩니다.

$$\frac{45 \times 44 \times 43 \times 42 \times 41 \times \cancel{40}}{6 \times \cancel{5} \times \cancel{4} \times 3 \times \cancel{2} \times 1}$$

다음으로 45는 3으로 약분되어 15가 남고, 42는 6으로 약분되어 7

이 남습니다.

$$\dfrac{\overset{15}{\cancel{45}}\times 44\times 43\times \overset{7}{\cancel{42}}\times 41}{\cancel{6}\times \cancel{3}\times 1}$$

이제, 식은 $15\times 44\times 43\times 7\times 41$이 되었습니다. 계산기를 사용해 보면 대략 800만 정도의 수가 된다는 것을 알 수 있습니다.

이 분수가 나타내는 것은 로또를 살 때 선택할 수 있는 숫자의 서로 다른 조합의 경우의 수입니다. 분자에 있는 $45\times 44\times 43\times 42\times 41\times 40$은 로또 기계에서 공이 나오는 서로 다른 방법의 개수입니다. 첫 번째 공은 45개 중 하나가 될 수 있고, 두 번째 공은 남아있는 44개 중 하나가 가능합니다. 세 번째 공은 43개 중 하나가 될 것이고, ……이런 방법으로 계산한 것입니다. 그러나 공이 나오는 순서는 전혀 관계없기 때문에 선택한 6개의 공을 배열하는 방법의 수인 $6\times 5\times 4\times 3\times 2\times 1$로 나누어야 합니다.

계산 결과가 의미하는 것은 매번 800만 개 로또를 사야, 한 번 당첨될 수 있다는 말입니다. 직장에서 열심히 일하세요!

iii) 판 초콜릿 이용하기 (P. 174)

a. 3행 11열인 판 초콜릿을 만드세요. 그러면 33개의 조각으로 나눌 수 있습니다. $\dfrac{2}{3}=\dfrac{22}{33}$이고, $\dfrac{7}{11}=\dfrac{21}{33}$이므로 $\dfrac{2}{3}$가 더 큽니다.

b. $\dfrac{2}{3}$는 $\dfrac{22}{33}$이고, $\dfrac{7}{11}$은 $\dfrac{21}{33}$이므로 두 수를 더하면 $\dfrac{22+21}{33}=\dfrac{43}{33}$이 됩니다.

iv) 현명한 사람과 낙타 (P. 175)

옛날부터 전해져 내려오는 이 이야기의 비밀은 아들들이 나누어 갖는 낙타의 분수 표현에 있습니다. 낙타를 나누는 가장 쉬운 방법은 세 아들에게 똑같이 1/3씩 나누어 주는 것입니다. 그러면 $\frac{1}{3} + \frac{1}{3} + \frac{1}{3} = 1$이 됩니다. 아니면 $\frac{1}{2} + \frac{1}{4} + \frac{1}{4}$로 나눌 수도 있습니다. 이것 말고도 다른 방법이 많이 있습니다. 어떻게 나누든지 간에 분수의 합은 1이 되어야 합니다.

하지만 실제로 아버지가 나눈 값을 볼까요?

첫째 아들 : $\frac{1}{2}$ 둘째 아들 : $\frac{1}{3}$ 셋째 아들 : $\frac{1}{9}$

이들 분수를 모두 더해 볼까요? 먼저 분수를 더하기 위해서 분모를 18로 통분합니다. 그러면 다음과 같이 바꿀 수 있습니다.

첫째 아들 : $\frac{9}{18}$ 둘째 아들 : $\frac{6}{18}$ 셋째 아들 : $\frac{2}{18}$

이 분수를 모두 더해 보세요. 그럼, 뭔가 이상한 것을 발견할 것입니다. 9+6+2=17. 즉, 아버지는 낙타의 $\frac{17}{18}$만을 유산으로 남겼습니다. 전부가 아니고요! 그러니까 17마리의 $\frac{17}{18}$은 아주 복잡해집니다. 이것은 정확히 $16\frac{1}{18}$마리가 되고, 낙타 한 마리의 $\frac{17}{18}$이 남게 됩니다.

현명한 사람이 그의 낙타 한 마리를 빌려 주어서, 낙타는 18마리가 되었습니다. 그래서 아들들은 18마리의 $\frac{17}{18}$을 받을 수 있게 되었습니다. 다시 말하면, 아들들은 17마리의 낙타를 모두 나누어 가질 수 있게 된 것입니다. 현명한 사람은 모든 사람들에게 행복을 던져 주고 자신의 낙타를 가지고 떠날 수 있게 되었습니다.

v) 퍼센트 (P. 184)

a. 220명 중에서 33명이면 20명 중에 3명과 같습니다. 즉 15%입니

다.

b. 45,000원의 40%는 $0.4 \times 45000 = 18000$입니다. 그러므로 $45000 - 18000 = 27,000$원입니다.

c. 대부분의 어른들은 본능적으로 먼저 부가가치세를 붙이고 10% 할인하는 것이 더 낫다고 생각합니다. 왜냐하면 이것이 더 많이 할인된다고 생각하기 때문입니다. 그러나 옳은 답은 '둘 다 똑같다!'입니다. 얼핏 생각하면 이해가 되지 않지만, 잘 생각해 봅시다. 가격의 10%를 할인해 주면 원래 가격에 0.9를 곱하면 됩니다. 여기에 20%의 부가가치세를 붙이면 1.2를 곱하는 것과 같습니다. 곱셈에서 교환법칙이 성립한다는 사실을 기억하고 있죠? (가격)×0.9×1.2와 (가격)×1.2×0.9는 같습니다. 위 계산은 두 경우가 같다는 것을 보여 주고 있습니다. 헷갈리신다고요? 여러분만 그런 것이 아닙니다. 계산기로 확인해 보세요. 그리고 받아들이십시오.

도형, 대칭, 각

ⅰ) 타일 깔린 바닥 (P. 193)

세 가지 색깔만 있으면 됩니다. 세 가지 색을 A, B, C라 하면 다음과 같이 칠할 수 있습니다.

ABC, ACB 등의 규칙적인 패턴이 어떻게 나타나는지 주의 깊게 살펴 보세요.

ii) 어떤 전개도일까? (P. 197)

전개도를 접으면 '삼각기둥'이 됩니다. 마치 치즈 조각 같습니다.

iii) 직각삼각형 (P. 204)

이등변삼각형이 될 수 있습니다.

부등변삼각형도 될 수 있습니다.

iv) 주차된 차 (P. 204)

차의 귀퉁이의 각은 90도이고, 세 각의 크기의 합은 180도이므로 A = 180 − 90 − 65 = 25도입니다.

v) 이쑤시개 문제 (P. 206)

'뒷다리'를 제거하세요. 그러면, 와인 잔과 같은 선대칭도형을 얻을 수 있습니다.

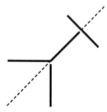

vi) 정사각형을 어디에 그릴까요? (P. 209)

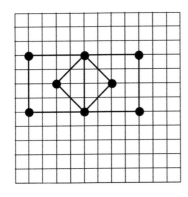

(1, 5)와 (1, 9)

(9, 5)와 (9, 9)

(3, 7)과 (7, 7) (대부분의 사람들
은 이 점을 놓칩니다!)

측정

i) 시계 퍼즐 (P. 214)

시계의 두 바늘은 3시와 9시일 때, 정확히 직각을 이룹니다. 이것은 쉽게 찾을 수 있습니다. 아이들은 12시 15분도 직각이라고 생각합니다. 그러나 잘 생각해 보면, 짧은 바늘이 정확히 12를 가리키고 있지 않기 때문에 직각이 될 수 없습니다. 실제로 짧은 바늘은 12와 1 숫자 사이의 1/4 지점에 놓입니다. 하지만 곧바로 두 바늘이 직각을 이루는 시각이 돌아옵니다. 12시 17분이 되기 직전입니다. 또한, 1시 20분과 2시 25분 이후에도 두 바늘은 직각을 이룹니다. 이렇게 주의 깊게 세어 보면, 긴 바늘이 짧은 바늘보다 1/4씩 더 회전한 경우가 11번 있음을 알 수 있습니다. 또한 1/4 덜 회전한 경우도 11번입니다. 그러므로 모두 22번 발생합니다.

ii) 케이크 굽기 (P. 215)

케이크를 꺼내는 시간은 오후 6시 10분입니다. (90분을 한 시간 반으로 고쳐서 생각하면 편리합니다.)

iii) 연대표 (P. 219)

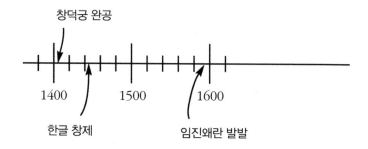

iv) 둘레의 길이 (P. 221)

먼저 정사각형의 한 변의 길이를 계산합니다. 20÷4=5cm입니다. 다음으로, 주어진 도형의 둘레를 이루는 변의 개수를 셉니다. 14개로군요. 그럼 70cm가 됩니다.

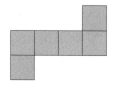

v) 신비한 정사각형 (P. 223)

잘 살펴보면, A에서 D까지 그어진 대각선이 직선이 아님을 알아낼 수 있습니다. 살짝 틈이 벌어져 있습니다. 실제로 대각선의 틈으로 만들어지는 도형은 정확히 넓이가 1인, 가늘고 긴 평행사변형입니다.

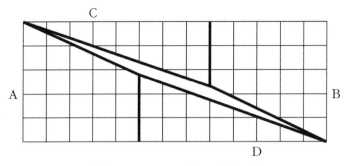

(실제보다는 틈이 과장된 그림입니다.)

자료 정리와 가능성

ⅰ) 캐럴다이어그램 (P. 238)

	2의 배수	2의 배수가 아닌 수
5의 배수	10 20 30	5 15 25
5의 배수가 아닌 수	4 6 12 18 22	7 11 19

ⅱ) 어떤 경기일까요? (P. 243)

100m 달리기 : 주자는 처음에 천천히 출발합니다. 점차 속도를 올려 최고의 속도를 유지하면서 결승선을 통과합니다. 그리고 아주 빠르게 속도를 줄이고 걷습니다.

ⅲ) 원그래프 (P. 246)

a. 25퍼센트의 아이들이 컴퓨터를 골랐습니다.

b. 8명입니다(컴퓨터를 고른 아이와 독서나 운동을 고른 아이는 똑같이 25 퍼센트입니다. 그런데 컴퓨터를 고른 아이가 10명이므로 독서나 운동을

고른 아이도 10명입니다. 이때, 독서를 고른 아이가 2명이므로 운동을 고른 아이는 8명이 됩니다.).

c. 25퍼센트가 10명이므로, 100퍼센트는 40명입니다.

iv) 주사위 점수 (P. 252)

크기 순으로 다시 배열하면 다음과 같습니다.

2, 4, 5, 6, 6, 7, 8, 9, 11, 11

평균은 6.9입니다(69÷10). 중앙값은 6.5입니다(6과 7의 평균). 최빈값은 6과 11 두 개입니다.

마지막으로
덧붙이는 말

권장하는 일과 금지하는 일

아이들이 수학을 즐기고 수학을 잘하기를 원한다면(보통 이 두 가지는 동시에 벌어집니다.) 여러분의 행동 하나하나가 아이들에게 막대한 영향을 끼친다는 사실을 명심하십시오. 이제 마지막으로 부모로서 여러분이 해야 하는 일과 해서는 안 되는 일을 정리해 보려고 합니다. 물론 모든 아이들은 각자 개성이 뚜렷하고, 모든 가정 내에서 벌어지는 일은 천차만별입니다. 하지만 공통적으로 생각해 볼 수 있는 사항 몇 가지를 참조하면 도움이 될 것입니다.

권장하는 일

아이와 함께 수학적으로 노세요

'권장하는 일'들 중에서 가장 중요한 한 가지를 고른다면, 바로 게임입니다. 게임은 수학으로 가득 차 있으며, 아이들을 수학적인 사고로 잡아끄는 이상적인 도구입니다. 그런데 부모들은 아이들과 함께 게임을 하지 않습니다. 시간이 없어서 그렇기도 합니다. 너무 바쁘니까요. 하지만 많은 전자 게임들이 즐비하고, 아이들은 자연스럽게 TV 프로그램에 몰

입하거나 닌텐도를 하기 위해 자리를 잡습니다. 이런 아이들의 활동들이 수학을 포함하고 있다면, 이것은 좋은 일이 아닐까요? 결국에는 아이들이 흥미를 느껴서 수학을 배울 수 있다면, 부모들은 자리를 뜰 수 있고 안심하며 뭔가 다른 일을 할 수 있을 것입니다.

하지만 불행하게도 빠뜨린 것이 있습니다. 그것은 바로 부모와 아이가 함께 즐기면서 벌어지는 즉흥적인 학습입니다. 아이가 주사위를 던지려고 할 때, 엄마가 "음, 네가 나를 이기려면 주사위를 몇 번이나 던져야 할까?"라고 질문할 수 있습니다. 부루마불을 하면서 "너 은행원이 되어서 내 돈 100만원을 20만원짜리와 10만원짜리로 바꿔 줄 수 있니?"라고 물을 수도 있습니다. 보드게임이나 자동차 게임, 그리고 우리가 이 책에서 서술한 기타 여러 게임은 아이들을 자연스럽게 수학의 세계로 안내하는 완벽한 수단입니다.

아이가 이기도록 하세요. 아니면 '여러분보다 더 잘하도록' 해 주세요

만약 여러분이 항상 이기고 항상 정답을 말한다면, 아이는 엄마가 수학을 잘한다고 여기게 될 것입니다. 하지만 이것은 아주 위험한 일입니다. 아이들도 어른들과 같습니다. 게임을 할 때마다 진다고 생각해 보세요. 어딘가 이것보다 더 나은 게임이 있을 것이라고 생각하게 됩니다. 물론 여러분은 자신의 아이들이 다른 누구보다 훌륭하다고 생각할 것입니다. 그러므로 가끔은 아이들이 이기도록 균형을 잘 맞추어야 합니다. 아이가 매번 이기도록 하는 것도 좋지 않습니다. 이는 실패를 경험해 볼 기회를 없애는 것입니다. 버릇 없는 아이는 그 누구도 좋아하지 않습니다.

또한 수학과 전혀 상관없는 게임을 할 때도 수학에 대한 아이디어를 슬쩍 집어넣을 수 있습니다. 아이들이 잠잘 준비를 할 때, 다음과 같이 해 보는 것도 좋습니다. 시간을 정해 놓고 아이들에게 어떤 일을 하게 하세요. 그리고 "엄마가 13을 셀 때까지 그 일을 할 수 있을까?"라고 말합니다. 그리고는 아슬아슬하게 끝날 수 있도록 수를 세기 시작합니다. 그리고 이렇게 마무리하세요. "……11, 11과 절반, 12, 12와 절반, 12와 3/4, 12와 7/8 ……." 이렇게 하면 은연중에 아이들에게 증가하는 분수의 개념을 소개할 수 있으며, 아이들은 예상외로 즐겁게 작업을 수행합니다.

다른 일을 하면서도, 일상적인 부분을 수학으로 만드세요

테이블에 함께 앉은 엄마와 아빠가 "자, 뭔가를 계산해 보자."라고 말한다면 기분이 어떨까요? 물렁물렁한 당근을 쌓아 놓고 그것을 밀면서 "먹어라. 이게 네 몸에 좋단다."라고 말하는 것과 같습니다. 아이들은 바로 반항합니다. 아이들과 격식을 갖춘 수학을 하려고 하지 말고, 일상적인 생활 속에서 방법을 찾으십시오. 식기세척기에서 그릇을 꺼내며, "오늘 저녁 식사에 사용할 그릇이 충분할까? 한번 확인해 보자."라고 말하세요. 쇼핑을 한 후 물건을 싸면서 "빵이 8,400원이고 우유가 3,300원이면, 얼마를 내야 하지?"라고 물어보는 것도 좋습니다(아이에게 정확한 결과를 구하라고 하지는 마세요. 그럴 필요까지는 없습니다.). 계산대 앞의 줄에 서서 기다리면서 가격이 얼마 정도 나올까 추측해 보기만 하면 됩니다. 10,000원 정도라면 적당히 예상한 값인가요? 정확한 가격에 가장 가깝게 예상한 사람은 누구인가요? 아니면, 학교에 걸어가는데 23번 버스가 지나가는 것을 보았다고 합시다. 이때, "얘야! 갑자기 궁금해서 그러는데, 23이 소수인가?"라고 물어보는 것도 좋습니다. 특별한 목적 없이 이처럼 수학적인 아이디어를 생각하도록 해 주면, 날씨나 일상적인 화젯거리처럼 수학도 편하게 대화할 수 있는 친근한 것이라는 생각을 하게 될 것입니다.

만들기를 할 때도 수학과 함께 하세요

수학을 생활화하기 위해서는 3개의 C(현금cash, 시계clocks, 요리 cooking)가 중요합니다. 이들 세 가지는 수학을 생활화할 수 있는 최고의 도구입니다. 쇼핑을 끝내고 계산할 때 아이에게 기회를 주세요. 아이들에게 요리 재료의 양을 측정하도록 도움을 청하세요. 아이들에게 시계를 차고 다니게 해서 여러분이 필요할 때, 시간을 말해 달라고 요청하세요. 자유로운 분위기에서 수학을 이야기할 수 있는 방법은 아주 많습니다. 시간에 대한 이야기를 나누기 위해서는 이렇게 하세요. 아이에게 "엄마는 11시 반까지 만들려고 하는데. 너는 언제까지 가능할까?"라고 최대한 자연스럽게 질문합니다. 요리는 모든 종류의 수학을 접할 수 있는 이상적인 소재입니다. 측정, 단위 바꾸기, 분수(반 스푼), 비율(이 요리법은 4인용이네. 10인용을 만들려면 어떻게 해야 하지?), 곱셈(케이크 굽는 통이 3행 4열로 있다면 얼마나 많은 케이크를 구울 수 있을까?) 등등이 주방에서 벌어집니다.

장난스럽게, 섬뜩하게, 무섭게, 위험하게 하세요

아이들이 "7 더하기 11은 얼마지?"라는 질문에 흥분하면서 답을 하도록 하려면 어떻게 해야 할까요? 결과물이 충격적이도록 만들면 됩니다. 가장 단순하게 "넌 7+11이 얼마인지 잘 모를걸. 내기할래?"라고 말하면 아이들은 충분히 자극을 받습니다.

좀 더 강도를 높여 볼까요? 우리가 잘 알고 있는 한 아빠는 아이들을 동그랗게 불러 모아 놓고는 마치 모의를 하듯이 작은 소리로 이렇게 속삭였습니다. "얘들아! 우리 털보 아저씨네 집까지 살금살금 기어가서 입구에 분필로 곱셈구구 8단을 적어 놓고 오자." 모험처럼 여겨지면 아이들은 너무 좋아하며 참여합니다. 아이들은 $4 \times 8 = 32$를 쓰면서 즐거워합니다. 그러다가 털보 아저씨가 나오기 전에 재빠르게 도망칩니다. 안 그러면 털보 아저씨에게 잡히니까요(털보 아저씨와는 이미 거래가 된 상태입니다.).

또 다른 확실한 방법이 있습니다. 여러분이 낸 수학 문제를 누군가가 풀면 엉덩이로 이름 쓰기와 같이 아주 유치한 일을 할 것이라고 알리는 겁니다. 이런 즐거움 속에서 아이들은 끊임없이 노력하고 발전해 나갑니다.

계산 방법이 한 가지보다 더 많다는 것을 인정하세요

아이들은 수학 문제를 풀면서 자신만의 방법을 찾아냅니다. 어떤 때는 뱅뱅 돌기도 하지만, 어떤 때는 지름길을 찾아내기도 합니다. 여러분은 빠르게 풀 수 있는 방법과 여러분이 알고 있는 방법으로 아이들을 인도할 수 있습니다. 그러나 아이들이 전혀 이해할 수 없는 방법을 사용하도록 압력을 가해서는 안 됩니다. 모든 문제 유형에는 최상의 풀이법이 한 가지만 있는 것이 아닙니다. 예를 들어 $3786 + 4999$를 계산하기 위해서는 $3785 + 5000$을 계산하는 것이 합리적입니다. 반면에 $3786 + 4568$은 종이와 연필, 또는 계산기가 필요합니다. 45×99도 머릿속으로 쉽게 계산할 수 있습니다($45 \times 100 = 4500$을 합니다. 45를 한 번 더 곱했기 때문에 45를 한 번 뺍니다. 그러므로 답은 4455입니다.). 하지만 45×68은 계산기가 필요합니다.

괴짜가 되세요

교양 있는 어른으로서 우리는 인생에서 '괴팍한' 것과 '지루한' 것이 어떤 것인지 잘 '알고' 있습니다. 자동차 번호판 숫자 더하기, 우표 수집, 소수 찾기 등은 괴팍스러운 취미입니다. 물론 우리 대부분은 괴짜인 면을 가지고 있습니다. 하지만 가장 괴짜인 사람은 바로 아이들입니다. 대부분의 아이들은 강박적이고 반복적인 일, 추상적인 게임, 어른들이 시시하다고 여기는 일에 대하여 환호하며 좋아합니다. 많은 아이들은 괴팍하다는 것과 '지루한' 행동이라는 것을 동일하게 여기지 않습니다. 아이들에게 "애들아! 이 차의 번호판에 있는 수를 모두 더하면 얼마가 될까?"라고 말해 보세요. 아이들은 아주 즐거워할 것입니다.

배우가 되는 법을 배우세요

"잘했어. 답을 얻기 위해 네가 한 노력은 정말 환상적이야."라고 느낀 그대로 말하세요. 수학적인 상황에 즐거워하십시오. 그러면 아이들도 따라 합니다. 오랫동안 그렇게 지낸다면 정말 즐거워지는 자신을 발견할 것입니다. 수학적 즐거움은 전염됩니다.

금지하는 일

금지하는 일은 많지 않습니다. 딱 두 가지만 적어 보았습니다. 양은 적지만 아주 중요합니다.

아이들이 풀기 전에 설명하지 마세요

아이들에게 50번쯤 설명했다고 하더라도 아이들이 알아들었을 것이라고 단정짓지 마세요. 수학적 재능이 제2의 천성이 되기까지는 아주 오랜 시간이 걸립니다. 아이들은 7 곱하기 7이 49인 것을 잘 알고 있다가 다음 날, 다른 상황에서 갑자기 47이라고 말합니다. 이것이 정상입니다. 여러분도 능숙하게 숫자를 다루기까지 얼마나 많은 시간이 걸렸는지를 잘 생각해 보십시오.

"나는 수학에 재능이 없어"라고 아이들에게 말하지 마세요

특히, 사실 그대로를 털어놓지 마세요. 어른들은 "나는 늘 수학에 자신이 없어."라고 자랑처럼 말하곤 합니다. 왜 그럴까요? 많은 어른들은 수학이 어렵다는 것과 수학 시간에 틀린 답을 얻던 악몽을 생생하게 떠올리며 자신이 수학을 못하는 것이 사실이라고 생각합니다. 아니면 생체 방어 반응일 수도 있습니다. 수학에 재능이 없다고 주장하면, 수학 문제를 물어보지 않을 것이라고 생각하는 것이죠. 하지만 수학에 재능이 없다는 주장은 다음과 같은 메시지를 은근히 퍼뜨립니다. "……자, 보세요. 나 정도면 성공한 어른이죠. 수학을 잘한다는 건 그리 중요하지 않다고요."

아이들은 이 말을 바로 잡아챕니다. 그러고는 수학에 신경 쓰지 않게 됩니다. 수학은 즐길 수 없는 것이고, 실패로 가득 찼으며, 결국 아무 곳에도 써먹을 수 없는 것이라고 생각하게 됩니다.

수학에 재능이 없다고 주장하는 많은 어른들은 거짓말을 하는 것입니다. 똑같은 사람들이 집안일을 처리하거나 여행 일정표를 짜거나 복합적인 일을 척척 해내거나 게임의 전략을 전혀 어려움 없이 실행해 내곤

하니까요.

수학에 재능 없다고 자랑하는 사람들은 절대로 맞춤법이나 읽기에도 재능이 없다고 자랑하지 않습니다. 이것은 사실일 수도 있습니다. 이런 일이 벌어지는 이유는 사람들이 넓은 의미로서의 수학을 계산이라고 하는 좁은 의미로 생각하기 때문입니다. 만약 누군가가 자신을 국어 선생님이라고 소개한다면, 바로 뒤로 물러서면서 "이키, 나는 늘 맞춤법에 자신이 없어요."라고 말하지는 않을 것입니다. 왜냐하면 국어는 아이디어와 상상에 대한 학문이지 문법, 철자, 구두점이 핵심이 아니기 때문입니다. 수학도 마찬가지입니다.

학교 수업이 어려운 계산을 하는 것에 지나지 않는다는 편견때문에 우리는 수학에 대해 제대로 알고 있지 못합니다. 수학은 우리가 아는 것보다 훨씬, 훨씬 더 깊고 넓습니다. 수학은 창조적이며 상상력이 풍부하고, 철학적인 주제입니다. 불행히도 교육 과정상의 압력과 수준이 다양한 대규모의 아이들을 다루어야 하는 상황 때문에 교사들은 수학의 다양하고 창조적인 면을 보여주는 데 한계가 있습니다(비록 많은 교사들이 이런 어려움을 무릅쓰고 분투하고 있지만 말입니다.).

다행스러운 것은 여러분의 아이들이 수학은 즐겁고, 상상력이 풍부하다는 것을 배울 수 있는 기회가 있다는 것입니다. 이 책을 읽고 노력하는 바로 당신, 엄마 아빠와 함께 말입니다.

어느 엄마가 수학을 두려워하랴

초판 인쇄 2014년 4월 10일
초판 발행 2014년 4월 20일

지은이   롭 이스터웨이 · 마이크 애스큐
옮긴이   여태경
감수   서동엽
그림   송진욱

펴낸이   황호동
편집   김민경
디자인   HaND 명희경
펴낸곳   (주)생각과느낌
주소   서울시 마포구 서강로11길 17 2층
전화   02-335-7345~6
팩스   02-335-7348
전자우편 tfbooks@naver.com
등록   1998.11.06 제22-1447호

ISBN   978-89-92263-27-6 (03410)